Real Astronomy with Small Telescopes

소형 망원경으로 떠나는 천문관측체험

Michael K. Gainer
김용기

Springer
청범출판사

Translation from the English language edition:
"Real Astronomy with Small Telescopes Step-by-Step Activities for Discovery"
by Michael K. Gainer; ISBN 978-1-84628-478-6

사랑하는 아들 마카엘에게 사랑과 감사의 마음을 전하며

아직 우리에게 관심받고 있지 못하는 별들이
우리의 시야에서 멀리 떨어져 있는 채
아주 조그만 영역에서
빛을 내고 있다네

우리가 포기하지 않고 관심을 기울이며 바라본다면
우리는 그 속에서, 성경에서 우리가 찾아낼 수 있는 것과 같이
인간이 하늘의 지식을 어떻게 배울 수 있을 것인가를
분간할 수 있다네.

William Habington, 1634

저자 서문

간단한 디자인과 구조 그리고 항상 잘 정렬된 광학시스템을 갖춘 작은 굴절 망원경은 이미 오랜 동안 사용되어 오면서 개인적인 용도로 보증된 표준이다. 쉽게 휴대 가능하여서, 이런 망원경은 집밖으로 가지고 나가 당장 설치할 수 있다. 또는 어두운 관측지역으로 움직이기 위해 편리하게 포장하여 작은 차에 실어 나를 수도 있다. 잘 다루기만하면 최소의 유지비용으로 이런 망원경과 마운트는 대물림되어 사용 될 수 있다.

이런 관측기기들은 달과 행성들에 대해 선명하고 뚜렷하며 명암대비가 확실한 이미지를 제공해준다. 이런 작은 망원경들은 더 큰 망원경들보다 불안정한 대기 효과들에 덜 민감하며, 또 저렴한 유지비용과 내구성 때문에 교육용으로 사용하려는 부모나 취미로 전문학을 접하려는 사람들에게 이상적이다. 그러나, 최근까지는 천문학적으로 사용하기에 충분한 성능을 지닌 소형망원경의 가격이 비싸서 일반인들이 쉽게 사용할 수는 없었다.

지난 십년동안, 광학디자인과 제조기술의 발달은 제작비용을 저렴하게 해주었고 그 성능을 향상시켜 주었다. 현제 렌즈 디자인 기술의 발달로 경통길이보다 더 짧고 더 다양하게 사용하기 적당한 굴절망원경을 만들 수 있게 되었다. 한 때 아주 비쌌던 90mm 막스토브-카세그레인 망원경이 성능 좋은 광학과 휴대성을 겸비한 최적의 조합으로 아주 싸게 보급되고 있다.

전문 관측이 아니라 "쉽게 들고 나가는"용 또는 "한번 하늘을 바라보는"용으로 여겨지는 소형망원경들을 자주 접하게 된다. 나는 그런 망원경들로 생각보다 많은 것들을 해낼 수 있다고 주장한다. 어떤 관측을 하느냐?에 대한 제약이 있지만, 80mm 굴절망원경과 90mm 막스토브 망원경은 사용되어 지는 기간 동안 가장 좋은 관측의 즐거움을 제공하기에 충분한 구경과 배율을 제공해 준다. 이런 망원경들은 달의 엄폐측정, 태양 활동주기 추적, 변광성 관측 그리고 쌍성을 관측하는데 이상적이다. 이 책에 수록된 모든 실습들이 더 큰 망원경에 똑같이 적용될 수 있지만, 이들 중 80mm보다 더 큰 구경을 요구하는 실습들은 하나도 없다.

범용 디지털 사진기를 이용해서, 제한된 항성등급과 작은 망원경의 이미지 크기들을 놀랄 만큼 향상시킬 수 있는데, 그래서 보통은 큰 망원경에서 얻어지는 결과들도 얻어낼 수 있다. 이 책의 대부분 내용들은 이 원리를 재미있고 유용한 천문관측이 될 수 있는 곳에 적용한다. 디지털 사진기의 분석에 독특한 방법을 적용하여서, 작은 망원경들을 정량적인 관측에 사용될 수 있도록 기발한 접근을 시도해보았다.

나의 관심은 유용하고 중요한 관측들이 상당히 싼 가격으로 구입 가능한 작은 망원경으로도 수행될 수 있다는 것을 보여주는 것이다. 여기에 기술된 몇몇 실습들은 여러 국제 천문 자료은행에 기여할 수 있는 값진 관측을 위해 필요한 도구를 제공해 줄 수 있다. 다른 실습들은 스스로 배우는 사람들이나 과학교육자들에게 주로 교육적인 가치를 제공해주는 것들이다. 여기에 수록된 자료들은 초보관측자나 숙련 관측자 모두에게 관심을 제공해 줄 것이다. 여기서 강조 하는 것은 여러분이 무엇을 볼 수 있는가?보다는 소형망원경을 가지고 무엇을 할 수 있는가?하는 점이다.

감사의 글

이 책의 원고를 편집하는데 시간과 수고를 아껴주지 않은 Madalon Amenta 여사에게 심심한 감사를 표합니다.

2006년 6월

Michael K. Gainer

역자 서문

십 여 년 전 동아일보가 중고등학생들에게 설문조사를 한 결과 50%에 가까운 학생들이 천문 우주에 관심이 있다고 발표한 기사가 생각난다. 그만큼 우리나라의 젊은 학생들이 천문우주에 큰 관심이 있는데 그 관심이 대학진학에 연결되지 못하는 것이 현실이다. 이에 대학에서 교육을 맡고 있는 교수의 한사람으로 항상 책임을 통감하고 있다. 그들이 모두 천문학을 전공하도록 이끄는 것이 능사가 아니라고 생각한다. 관심 있는 대중들의 관심을 계속 이어주었을 때 그 대중들이 곧 천문학을 사랑하는 지원그룹이 될 수 있는 것이다. 그런 저변확대가 더 우선이라는 생각으로 충북대학교 천문우주학과는 수년전에 대중들에게 전문적인 천문학을 쉽게 전달할 수 있는 전문가를 키우기 위해 대중천문학 전공을 대학원에 개설한 바 있고, 현재 많은 학생들이 전문가의 꿈을 갖고 훈련받고 있는 중이다.

대중들과 가까이서 천문학을 접할 수 있도록 도와주는 교과서가 필요한 시점에서 여러 책들을 점검하는 과정에 Patrick Moore's practical astronomy series 중에 Michael K. Gainer 교수의 Real Astronomy with small telescope란 책을 접하게 되었다. 이 책은 80-90cm의 소형망원경으로 할 수 있는 천문학적인 실습들을 충분히 수록하고 있다. 초 중 고등학교나 천문대에는 이런 소형망원경들이 많이 비치되어있는데, 단순히 행성이나 별들을 육안 관측하는 용으로만 사용되고 있는 실정에, 이런 망원경들을 이용해 천문학적으로 진지한 관측을 경험하게 해준다면 아주 좋은 시도가 될 것 같아 이 책을 "소형망원경으로 떠나는 천문관측체험"이란 이름으로 번역을 시작하였다. 초창기 천문학자들이 시도하였던 것을 직접 한번 해보고, 그 관측결과를 분석해보며 진짜 천문학자의 역할을 감당해보는 것은 별이나 행성을 한번 보고 끝나는 일반 천체 관측행사 수준을 넘어 교육적으로도 큰 반향을 일으킬 것으로 생각된다.

현재 미국의 St. Vincent대학 명예교수로 있는 Gainer교수가 직접 자기의 망원경으로 교육을 하면서 집필한 이 책은 소형망원경으로도 해 낼 수 있는 연구수준의 천문학적 활동들을 포함하고 있다. 물론 내용이 간결하게 표현된 부분도 없지 않다. 그래서 충북대학교 천문우주학과 대중천문전공 대학원생들과 이 책을 교재로 "소형망원경으로 떠나는 천문관측체험" 세부 강의안을 만들어 볼 계획이다. 이 책에서 언급하고 있는 작은 관측보조기구등도 직접 만들어 보고, 직접 관측한 자료들을 컴퓨터로 분석하면서 천문학자가 되어보는 기회를 제공해주는 좋은 기회가 될 것이다.

번역을 마무리 할 때마다 "이번에 시도한 번역은 완전한 번역이 아님"을 밝혀왔다. 본 번역서도 앞으로 꾸준히 업데이트 될 예정이다. 우리말 용어도 꾸준히 올바르게 수정되어 갈 예정이다. 독자들이 본 번역서를 읽다가 오타나 번역 상 제안사항이 있으면 역자들이 직접 의견을 개진하기도 하고, 오타 등의 지적을 할 수 있도록 다음에 카페를 개설해 놓았다. 카페주소는 http://cafe.daum.net/astrobooks 이니, 많은 독자들이 더욱 더 나은 개정 번역서를 위해 기여해 주기를 부탁한다. 이런 피이드 백을 통해 앞으로 더욱 좋은 번역서들이 출간되고, 그래서 우리말로 된 천문학 서적들을 가지고 충분히 천문학을 공부할 수 있게 될 것이다.

본 번역서의 출판을 맡아주신 청범출판사의 연규산 사장님, 그리고 빠른 시일내에 번역본의 편집에 힘써주신 관련 직원여러분께 감사드린다. 본 교과서를 통해 천문학을 새로 접하는 많은 일반인들에게 우주에 대한 호기심을 충족시켜주는 계기가 될 것을 기대해 본다.

2011년 8월
미국 UC Irvine 연구실에서
김용기 ykkim153@chungbuk.ac.kr

차 례

컴퓨터 하드웨어와 소프트웨어

이 책에서 가장 중요한 특징은 과학적으로 의미있는 자료를 얻기 위해 소형 망원형과 함께 컴퓨터 처리와 분석을 사용한다는 것이다. 여러분이 만일 적당한 컴퓨터와 중요한 보조장비를 갖추고 있지 않다면 다음과 같은 추천을 참고하면 좋을 것이다.

하드웨어

이 책에서 서술된 모든 것들을 위해 사용된 컴퓨터는 인텔 Celeron 2.93 GHz 프로세서, 512MB RAM 그리고 80GB 하드디스크를 지니고 있다. 낮은 메모리를 가진 느린 컴퓨터는 추천된 몇몇 소프트웨어가 작동되는데 어려움이 있을 것이다. 컴퓨터는 스캐너, 디지털 사진기 자료 다운로드 등을 제어하기 위해 여러 개의 USB포트를 지니고 있어야 한다. 다양한 형태의 디지털 사진기 메모리카드를 위한 포트들은 USB로 다운로드하는 것보다 더 편리하게 사용될 것이다. 35mm 슬라이드와 음화 필름을 스캐닝하기 위한 스캐너도 또한 필수적이다.

소프트웨어*

Guide 8.0은 더 비싼 소프트웨어 패키지가 제공하는 있으면 편리한 기능들도 없고, 아름다운 모습들을 보여주지도 못하지만, 이 프로그램은 이 책에서 사용하기에 가장 최적이며 가장 저렴한 소프트웨어이다. 이 프로그램은 어떤 주어진 시야에 대해 주어진 망원경의 한계에 대한 등급이 표시된 성도를 만들어 낼 수 있다. 이 프로그램으로 여러분들은 변광성과 소행성을 표시하고 동정해낼 수 있으며, 또 태양과 달 그리고 목성의 위성들을 관측하기 위한 모든 매개변수들을 얻어낼 수 있다.

마이크로소프트의 Picture It!7.0이나 나중 버전들은 이 책에 다룬 실습들과 관련된 디지털 사진관측에 필요한 모든 기능을 갖춘 저비용 사진처리 프로그램이다. 이 프로그램으로 격자나 크기눈금자들이 관측이미지에 중첩되어질 수 있고, 투명하게 만들어질 수 있으며 또 보정된 각도만큼 넓혀지거나 회전되어질 수 있다. 여러분이 선택하는 다른 소프트웨어들도 똑같은 기능을 해 낼 수 있다.

* 역자 주 : 여기서 언급되는 소프트웨어들은 실제 우리나라에서 사용되는 소프트웨어로 대체되어 강의에 사용될 계획이다. 자세한 문의와 답변은 역자서문에 제시된 카페에서 얻어질 수 있다.

제1장

천구

관측이 의미있게 되기 위해서는 관측하는 것에 대한 기준좌표계를 설정하는 것이 필요하다. 항성 또는 행성의 위치에 대한 모든 관측을 시간과 공간에 연관짓게 하기 위해서는 어떤 특정한 방향을 표준으로 설정하여야 한다. 그런 표준 좌표계를 설정하기 위해서는, 항성들이 투명한 천구 위에 고정되었다고 가정해본다. 이때 천구는 24시간에 한번 지구 축을 중심으로 동쪽에서 서쪽으로 한번 회전한다. 그림 1.1은 표준 좌표계가 표시된 가상의 구를 보여주고 있고. 이 그림에서 다음과 같은 정의가 내려진다.

천구의 극은 지구의 남극과 북극을 천구에 투영한 점이다. 천구의 적도는 지구의 적도(그림 1.1에서 e)를 천구에 투영한 면이다.

지구의 한 점 p에 있는 관측자는 북쪽, 서쪽, 남쪽 그리고 동쪽을 표시해주는 NWSE의 평면으로 표시된 수평면을 보게 된다. 천구 상에서 관측자의 머리 바로 위에 있는 천정은 p'이다. 이 지역의 자오선은 천구 상에서 수평면의 북점으로부터 천구의 북극, 천정 그리고 남점까지에 이르는 가상의 선이다.

지구가 태양주위를 하루에 1도씩(360°/365.25일) 자전하면서, 태양은 고정된 항성들을 통과하여 천구주위에서 하루에 1도씩 움직이는 것처럼 보인다. 이런 태양이 움직이는 겉보기 경로를 황도라 한다. 황도는 지구의 궤도면을 천구에 투영한 것이다.

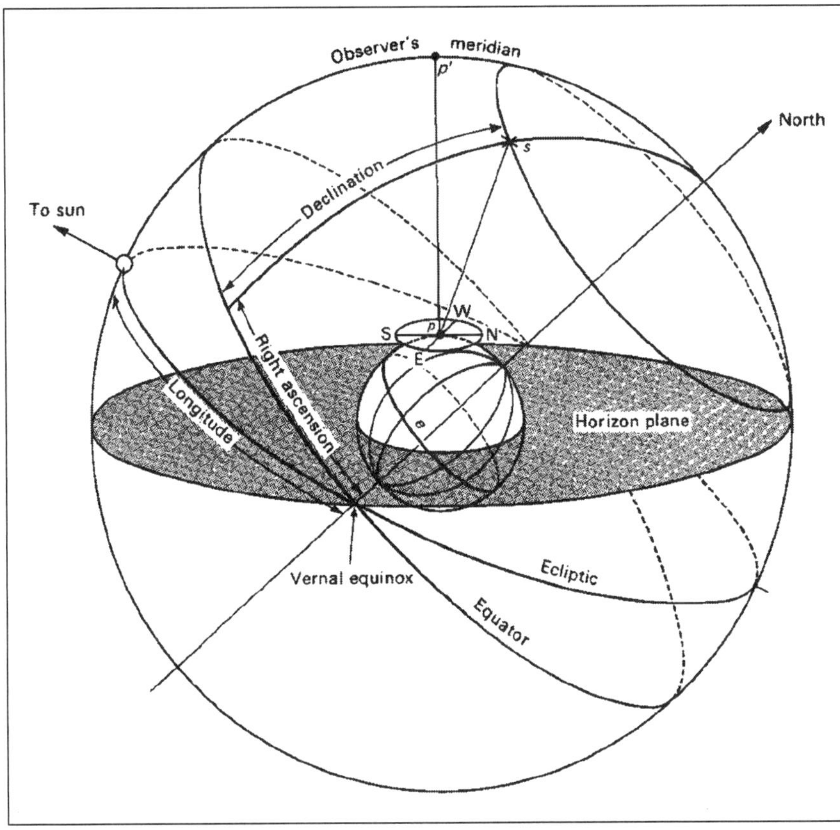

** 그림 1.1 **천구**

황도가 동쪽을 향하면서 남에서 북으로 적도면을 지나는 점을 춘분점이라 정의한다. 180° 떨어진 반대편 교차점을 추분점이라 한다. 황도에서 가장 남쪽인 점은 동지점이고 가장 북쪽인 점이 하지점이다. 춘분점과 추분점 그리고 동지점과 하지점은 천구상에서의 위치이지 1년 중의 시간이 아니라는 점에 유의하자. 춘분점을 우리가 볼 때 봄이 시작되는 것이 아니라, 태양이 춘분점을 통과할 때 봄이 시작된다. 그림 1.1에서, 겉보기 태양은 동지점에 있는 작은 점으로 표시되었다. 춘분점은 동쪽 수평면에 있다. 화살표는 실제 태양방향을 표시해주고 있다.

지구와 달사이의 중력상호작용 때문에, 지구의 자전축은 항성들에 대해 25,800년의 주기로 23.5°의 원추주위를 세차운동한다. 결과적으로, 분점들의 항성에 대한 위치는 같은 주기로 변화한다. 그러나 좌표계를 설정하기 위해 우리는 이들은 고정되었다고 간주한다.

춘분점이 천구 상에서 고정된 점을 나타내기 때문에 우리는 이 점을 항성들의 위치를 나타내주는 기준좌표계로 사용하기로 한다. p점에 있는 관측자가 천구상의 s점에 있는 항성을 관측한다고 하자. 우리는 북극을 시작해서 이 별을 지나 천구의 적도를 지나는 대원을 상상해볼 수 있다. 이 대원과 춘분점을 통과하는 대원사이의 각을 적경(RA, Right ascension)이라 정의한다. 2장에서 설명되어지겠지만, 적경은 시간, 분 그리고 초(0시에서 23시)단위로 천구의 적노를 따라 춘분점에서 동쪽으로 측정되어진다.

천구의 적도로부터 s지점까지의 각거리를 그 점에서 그 별의 적위(Dec, Declination)라 정의한다. 적위의 좌표계는 천구의 적도와 평행하다. 적위는 북쪽 또는 남쪽으로의 각도로 측정되어진다. 북위는 +0°에서 +90°로, 남위는 －0°에서 －90°로 측정된다. 적도좌표계라 부르는 적경과 적위는 지구의 경도와 위도와 똑같은 개념이다.

제2장

시간의 측정

2.1 태양시

옛날에는 하루의 시간이 태양 빛의 그림자 방향으로 측정되었다. 그래서 아주 다양하고 복잡한 해시계가 개발되어졌고, 해시계가 표준시계가 되었다. 해시계는 또한 모래시계같은 다른 형태의 시계들에 대한 기준으로 사용되어지기도 하였다.

이 방법으로 측정된 시간을 겉보기 태양시라 부른다. 어떤 지역의 자오선에서 태양이 떴다가 다시 뜰 때까지의 시간은 겉보기 태양일이라 정의한다. 지구의 타원궤도 때문에, 하루에 움직이는 각거리는 변화한다. 지구는 원일점 근처에 있는 여름보다 근일점에 접근할 때인 겨울에 빨리 공전한다. 결과적으로, 겉보기 태양이 황도를 따라 동쪽으로 움직이는 속도는 이와 똑같은 비율로 변화한다. 그래서 어느 지역의 자오선에서 태양이 다음 뜰 때까지의 시간인 겉보기 태양일이 1년이 지나면서 변화하게 된다. 옛날의 시간에서는 이것이 문제로 대두되지 않았다. 그러나 아주 잘 규격화 된 문화 활동과 대륙간 무역이 활발하게 진행되면서 더욱 안정된 시계기준이 필요하게 되었다.

평균태양시는 겉보기 태양시의 불균일성을 평균하는 방법으로 고안되었다. 요즘은, 천구 적도상에서 일정한 속도로 동쪽으로 움직이는 가상의 태양으로 정의된다. 어떤 특정한 날에 평균 태양시와 겉보기 태양시의 차이를 균시차라 부른다.

문화 활동의 편리성을 위해, 세계시는 그리니치를 지나는 자오선으로부터 서쪽으로 약 15° 또는 1시간이 커지는 영역으로 나누어진다. 예를 들어 미국 동부표준시는 서경 75°에서 시작하는데, 즉 평균태양시가 그리니치보다 5시간 빠른 시간영역이다.

해시계에서 읽어진 시간과 시계(평균 태양시)에서의 차이는 분(minutes)의 단위로 다음과 같이 표시된다:

겉보기 태양시 = 평균태양시 + 균시차

균시차는 년 중 어느 시점이냐에 따라 음수가 될 수도 있고 양수가 될 수 있다.

해시계는 여러 가지 형태로 만들어 질 수 있고 또 예술과 과학을 결합시켜 주는 좋은 수단이 된다. 균시차와 경도를 상쇄시켜주는 기계를 만들어 1분의 정확도로 평균태양시를 측정할 수 있다.

수평 해시계는 그림 2.1에 보여진 바와 같이 적도면을 수평면에 단순 투영한 것이다. 수평면과 바늘의 각도는 그 지방의 위도이다. 남쪽을 향하고 있는

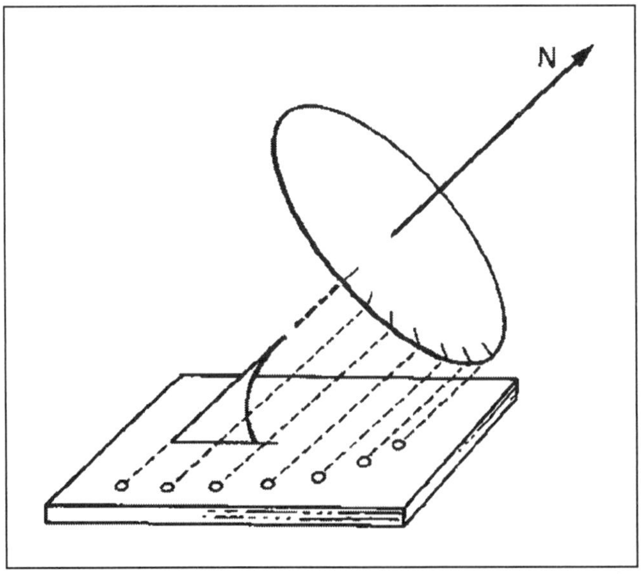

** 그림 2.1 **수평해시계**

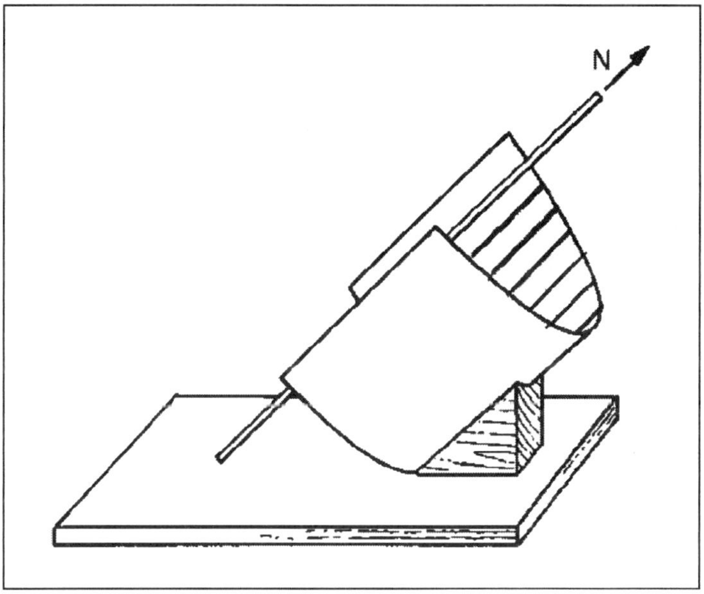

** 그림 2.2 **적도 해시계**

면에 표시된 수직 눈금판이 같은 원리에 의해 만들어 진다. 거기에는, 바늘이 천구의 북극에 반대방향을 향하도록 되어있다. 모든 해시계는 겉보기 태양시를 측정하기 위해 천구의 극에 조준되어져야 한다.

해시계의 또 다른 형태가 그림 2.2에 보여졌다. 여기에서 바늘은 반 실린더의 축에 위치하는데, 이 축이 천구의 극을 향하고 있다. 15° 간격으로 그려진 시간선이 바늘에 평행하게 그려져 있다.

미적인 감각으로 더 예술적인 작품을 만들어 보려는 사람들을 위해 이 책의 뒤에 있는 참고문헌에 더 많은 정보들을 제시하였다.

2.2 항성시

겉보기 태양시와 평균태양시는 어느 한 자오선에 태양이 남중했다가 그 다음에 다시 남중하는 현상과 관련되어진다. 겉보기 태양은 항성들에 대해 동쪽으로 매일 약 1도씩 움직이기 때문에, 항성 기준으로 측정을 할 때에는 어떤 형태의 태양시도 유용하지 못하다.

항성시는 한 별이 어느 자오선을 한번 지나고 나서 다음에 다시 지날 때까지의 시간이다. 항성시는 그 자오선에서 항성의 적경과 같다. 역으로, 한 별의 적경은 그 별이 어느 자오선을 지날 때의 항성시이다. 사실은 이런 방법으로 적경이 측정되어진다.

그러나 지구가 항성들에 대해 세차운동을 하기 때문에, 천구의 북극과 남극, 천구의 적도 그리고 춘분점과 추분점들의 항성위치는 변한다. 또한, 각별은 다른 별에 대해 고유운동을 한다. 결과적으로, 항성일은 춘분점이 한 자오선을 지나고 나서 다음에 자오선을 지날 때까지의 시간으로 더 정확하게 정의되는데, 그래서 이 정의는 고정된 기준계와 관계된다.

항성시는 평균태양일보다 $3^m55.91^s$ 짧다. 문화 활동들이 태양시와 맞물려 있기 때문에, 항성시는 단지 천문관측에서만 유용하다.

적경과 적위는 춘분점과 천구의 적도를 기준으로 정의되었다. 춘분점은 황도에 있는 별자리를 통과하여 25,800년의 주기로 서쪽으로 이동한다. 결과적으로, 항성들에 대한 적도좌표계의 좌표 값들은 항상 특정 기준점에 대한 춘분점의 위치에 따라 달라진다. 예를 들어, 현재 사용하는 성표에서 모든 항성들의 위치들은 2000.0의 기산점에 대한 값들이다. 한 항성의 좌표계에서 세차운동과 고유운동효과는 적경과 적위의 영년변화로서 목록화되어 있다. 정확한 현재 위치는 현재의 시간과 성표의 기산점사이의 차이로부터 결정되어진다. 가까이에 있는 별들의 경우를 빼고는 이런 영년변화의 값은 1"보다도 작다.

2.3 관측 기록

어떤 관측도 관측시간이 기록되지 않았다면 쓸모가 없다. 서로 다른 위치에서 수행된 관측들에 대해서는 관측자의 경도나 지역시간에 관계없는 시간측정이 필요하다.

국제 원자시계에 의해 약속된 우주시(UT)는 그리니치의 자오선에서 측정된 평균태양시(GMT)이다. 조정된 우주시는 방송시보에 의해 주어지는 시간이다.

오랜 시간주기에 걸쳐서 일어나는 현상에 대한 관측들은 율리우스 일(JD, Julian day)로 기록되는데, 이 날짜기록 시스템은 1582년 스칼리거(Scaliger)에 의해 고안되었고, 그의 아버지 율리우스 스칼리거(Julius Caesar Scaliger)의 이름을 따서 명명되었다. 스칼리거는 이 기록시스템을 고안하여서 역사적인 천문현상들의 좌표 값들이 당시 사용되었던 달력과 관계없도록 만들었다. 천문학자들은 바로 이런 이유로 JD를 사용한다. 한 관측에 대한 JD는 Guide 8.0의 [Time Set]메뉴로부터 확인될 수 있다. JD달력은 미국 변광성협회(AAVSO, American Association of Variable Star)의 웹사이트에서 다운받을 수 있다.

제3장

적도의식 망원경 가대

소형망원경으로 진정한 천문관측을 하려면 적도의식 가대가 필수적이다. 일반적으로 GEM이라 부르는 독일식 가대 또는 포크 가대 두 가지 중 하나가 사용된다. GEM은 그림 3.1에 그리고 포크가대는 그림 3.2에 제시하였다. 각각은 적경과 적위를 조준하기 위한 서로 평행한 두 개의 축을 지니고 있다. 가장 사용하기 편하게 제작된 가대들에서는, 각 축에 망원경 조준을 위한 보정판이 부착되어 있다. 극축에는 추적을 위해 모터가 장착되어 있고 또 적위구동은 수동으로 제어 가능한 느린동작 조작판을 지니고 있다. 소형망원경 가대와 연관된 몇 가지 결점들이나 디자인 문제점에 역점을 둔 제안들이나 기술개선 등을 여기서 다루어보기로 한다.

3.1 가대의 안정성

흔들리는 망원경은 정확한 초점을 제공하기는 거의 불가능하기 때문에, 튼튼한 가대는 훌륭한 광학만큼이나 중요하다. 부드러운 산들바람이나 초점손잡이를 살짝 만져서 생기는 약간의 흔들림이라도 관측에 불리한 영향을 줄 수 있다. 이는 초점이 긴 망원경에서는 특히 문제가 심각해지는데, 왜냐면 접안렌

** 그림 3.1 독일식 적도의식 가대(GEM)의 비교

즈에 가해진 작은 힘이라도 큰 토오크를 야기시키기 때문이다. 불행하게도, 시판되는 80mm 망원경 대부분에 제공되는 가대들은 관측에 적합하지 않는 것으로 판단된다.

그림 3.1은 소형망원경에 장착되는 표준 적도의식 가대를 보여주고 있다. 오른쪽 가대는 일반적으로 EQ2란 이름으로 판매되며 왼쪽가대는 EQ3란 이름으로 판매된다. 80mm 짧은 경통 굴절망원경과 90mm 막스토브-카세그레인 망원경에는 EQ1가대가 부착되어 판매된다. EQ2보다 가벼운 가대로는 진정한 천문관측을 하기에 부적절하다. 80mm 장 초점 굴절망원경에는 대게 EQ2가대가 장착된다. 단 초점 굴절망원경이나 90mm 막스토브 망원경의 가대가 안정된 기초를 가졌다 하더라도, 이 가대는 기초보다 더 긴 경통에 의해 야기되는 흔들림을 완충하기에는 충분히 안정적이지 못하다.

그림 3.1에 보여진바와 같이, 장 초점 굴절망원경에는 무거운 EQ3가대가 장착되어져야 한다. Orion 제품은 AstroView와 같이 오른쪽 가대를 판매한다. 다

** 그림 3.2 **포크형태 적도의식 가대**

른 회사 제품들은 다른 이름의 비슷한 장치를 판매한다. 이 가대들은 EQ2보다는 더 안정하며 또 극축조정 망원경이 내장되어 있는 편리함이 제공된다. 이들 가대는 약간 무거워지기는 했지만, 쉽게 가지고 다니기에 충분할 만큼 가볍다. 이는 EQ2보다는 약 70불이 비싸다. 가장 좋은 해결책은 망원경과 가대를 별도로 구입하는 것이다.

아담한 90mm 막스토브-카세그레인 망원경이 유용한 점 들 중 하나는, 그림 3.2에 제시된바와 같이, 이 망원경이 역시 아담한 포크형 적도의식 가대에 정교하게 설치될 수 있다는 것이다. 모터장치가 가대의 아래에 장착되어졌다.

포크의 기초판은 극축을 따라 회전하고 있어서, 포크의 팔을 통과하는 축은 적위에서의 회전을 나타내준다.

몇몇 포크 가대에 장착된 탁상용 다리들은 편리하기는 하지만 안정된 관측을 위해서는 고정된 탁자가 요구된다. 이런 구성의 또 다른 불편한 점은 망원경이 특정 위치에 있을 때 관측하기가 힘들다는 것이다.

탁상용 가대를 이용한 안시관측을 위한 상당히 정밀한 극축조정은 자석을 이용하면 가능하다. 그러나, 사진관측을 하기 위해서는 더 정밀한 극축조정이 필요하다. 이 정도의 극축조정을 위해 좋은 방법 중 하나는 해가 쨍쨍한 날을 기다려서 태양이 자오선을 지날 때 가대의 중심에 있는 다리의 그림자를 다리와 잘 조준하는 것이다. 탁자를 움직이지 않는다고 했을 때 다리의 위치를 탁자에 잘 표시해놓으면 이 망원경을 사용할 때마다 자동적으로 정확한 방위각 극축조정을 확보하게 되는 것이다. 태양이 여러분이 살고 있는 곳의 자오선을 지나갈 때의 지방시(시계가 알려주는 시간)는 Guide 8.0, 또는 RASC 관측자 핸드북 또는 다른 천문역 등으로부터 얻어질 수 있다.

극축경사의 조준은 망원경이 천정을 향하고 있을 때 적위판이 여러분 지역의 위도를 지시하도록 하면 된다. 그림 3.3에 보여진바와 같이, 대물렌즈 위에 수평기를 올려놓고 수평이 될 때까지 극축의 경사각을 조절하면 된다.

달에 의한 엄페 현상 같은 것을 관측하기 위해 먼 곳으로 여행한다면, 아마 적당한 탁자를 찾기가 힘들 것이다. 그런 경우에는 튼튼한 휴대용 삼각대가 필요하다. Meade ETX에는 표준 삼각대가 장착되어 있다. 몇몇 회사들은 위치 측정용 망원경을 부탁한 막스토브 망원경을 시판하고 있다. 이런 망원경은 별도로 구입한 GEM에 장착되어질 수 있다.

그림 3.4와 그림 3.5는 저자가 Astromart에서 구입한 부품들을 이용하여 Questar 용으로 제작한 휴대용 안전 삼각대를 보여주고 있다. 방위각 조준을 위해 세레스트론 C8을 3/8인치 볼트와 나비꼴 너트를 이용하여 표준 알루미늄 삼각대에 고정시켰다. 그림 3.4에서 화살표들은 이미 나있는 구멍을 통과하여 쐐기박기용으로 사용한 구리파이프를 보여주고 있다. 이들은 그림 3.5에 보여진 바와 같이 빗장으로 안전하게 지지하면서 가대의 기초판을 지탱해 주는 역할을 해준다. 빗장을 가대의 기초판에 묶어두기 위해 사용된 나사에는 쐐기판

** 그림 3.3 **극축의 경사각 맞추기**

에 꽉 조이게 하기위해 나비꼴 너트가 사용되었다. 이 나사는 1/4×20표준 삼각대 나삿니를 갖고 있으며 또 충분히 길어서 가대의 기초판에서 빗장을 움직이지 않고 빗장을 관통하여 쐐기 판의 구멍을 통과할 수 있을 정도이다.

** 그림 3.4 추가 부품들로 개조된 삼각대에 설치된 Questar

** 그림 3.5 Questar 가대의 뒷모습

3.2 극축 구동

낮은 배율의 안시관측에는 극축구동이 필요하지 않다. 태양과 달의 낮은 배율 사진관측에도 극축구동은 필요하지 않지만, 변광성과 쌍성, 소행성, 성단과 성운의 관측에는 극축구동이 필수적이다.

이 책에 기술된 디지털 사진관측을 위해서는, 30초 노출동안을 추적할 수 있는 정확도의 구동장치면 충분하다. EQ2와 EQ3의 악세서리 장치로 판매되는 구동장치면 이런 목적을 잘 달성시켜준다.

3.3 적위 조정 판

현재 소형망원경에 판매중인 많은 적도의식 가대에 부착된 적위 조정 판은 약간 개조하지 않으면 쓸모가 없다. 때로 여러분들은 길죽한 펜치로 바늘을 구부러뜨릴 필요도 있을 것이다. 어떤 가대에는 눈금판이 읽혀지게 하기 위해 적당한 바늘을 추가로 설치해야할 필요도 있다. 그림 3.6과 그림 3.7에는 잘

** 그림 3.6 개선된 적경 판의 모습

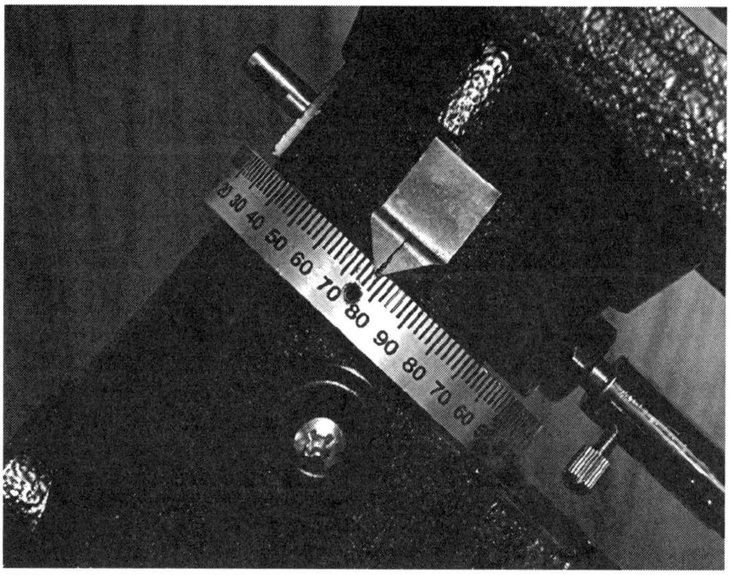

** 그림 3.7 개선된 적위 판의 모습

읽혀지지 않는 적경판과 적위판에 놋쇠 판을 잘라 만든 눈금바늘을 만들어 양면테이프로 부착해 잘 보이게 한 경우를 보여 주고 있다.

3.4 적도의식 가대 극축 맞추기

그림 3.1에 보여 진 EQ3가대에는 작은 망원경이 설치되어 있어서, 아주 간단하게 가대의 극축 맞추기를 할 수 있다. 이런 제품들 대부분은 아이피스에 천구의 북극에 대한 북극성의 위치를 지시해주는 십자선이 있다. 망원경을 통해 별을 보면서 가대를 고도와 방위각 방향으로 조준하면서 북극에 맞추는 것은 아주 간단하다. 이런 장치가 없는 가대들의 경우 다음과 같은 작업이 필요하다:

1. 망원경을 위로 수직이 되게 했다가 그림 3.8에 보여 진 바와 같이 극축에 평행하게 놓는다. 그림에 제시된 바와 같이 적위 축을 고정한다. 망원경에 각도기를 대고 각도기가 여러분이 있는 지역의 위도를 표시 하도록 가대의 고도를 조정한다. 파인더에 북극이 들어오게 한다.

** 그림 3.8 극축의 기울기 맞추기

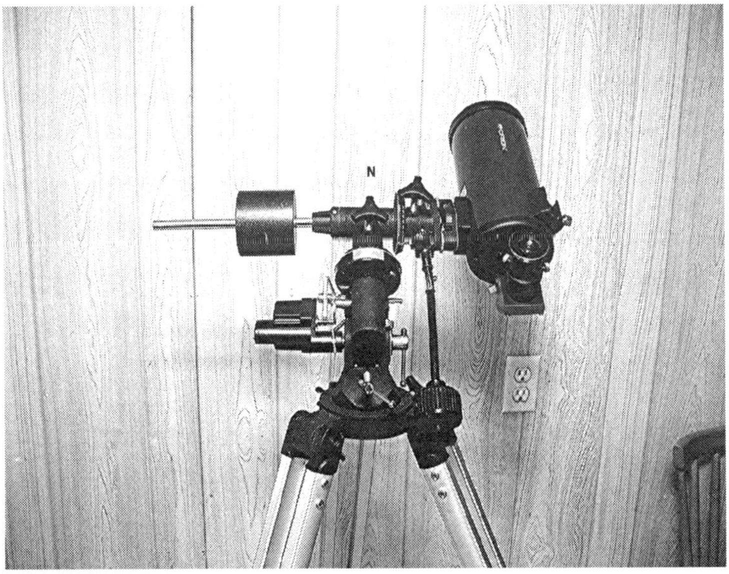

** 그림 3.9 방위각 방향의 극축 맞추기

2. 그림 3.9에 제시된 대로 망원경을 극축에서 회전하여 동쪽이나 서쪽에서 그 축이 극축과 평행하게 설치하라. 적경 축을 고정한다. 적위 축 주위로 망원경을 회전시켜 북극성이 아이피스에 들어오게 한다.
3. 가대를 수평면(방위각방향)으로 회전시키고 또 적위 축을 중심으로 회전시켜서 북극성이 아이피스의 중앙에 오게 하라. 방위각 회전축을 고정시킨다.
4. 그림 3.8에 있는 위치로 망원경을 움직여보고 북극성이 시야의 중심에 놓이도록 극축의 기울기를 조정하라.

북극성이 실제 천구의 북극이 아니기 때문에, 이 과정은 극축이 실제 천구의 북극을 향하게 하지는 않을 것이다. 그러나, 이 책에 기술된 실습을 위해 요구되는 관측기간이나 짧은 노출의 사진관측을 위해서는 북극성을 이용한 극축 맞추기로 충분하다.

더 정밀한 극축 맞추기가 그림 3.10의 도움으로 가능하다. 이 그림은 서경 75도인 지역에서 매달 15일 0^hUT의 천구북극에 대한 북극성의 위치를 보여준다. 75도의 서쪽으로 매 1도마다, 북극성은 그림에서 시계방향으로 1° 씩 회전한다. 동쪽으로 매 1도마다 이 회전은 시계 반대방향으로 일어날 것이다.

시야의 중심에 북극성을 갖다놓는 방법이 아니고 위에 기술한 방법을 사용하면 그림에 표시된 양만큼의 차이가 생긴다. 북극성은 북극으로부터 0.73° 떨어진 곳에 놓여있다. 시야의 겉보기 직경을 알면 중심에서 북극성까지의 거리가 측정이 된다. 이때 가대의 고도와 방위각을 고정시킨다. 이 방법은 f/5인 80mm 굴절망원경을 이용한 필름 사진측광을 할 때 5분정도의 노출에도 충분한 추적 정밀도를 제공한다.

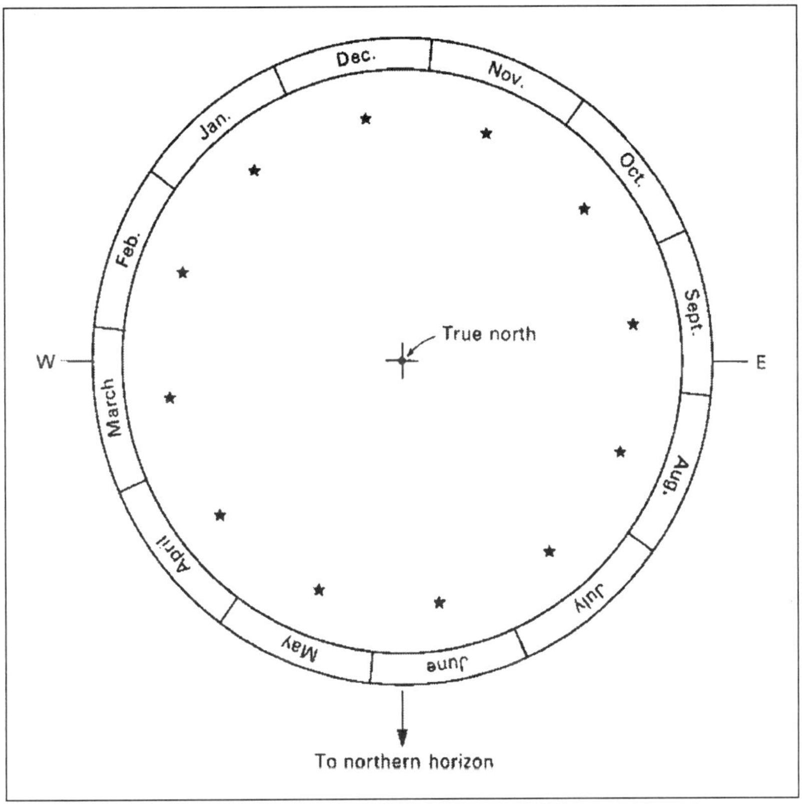

** 그림 3.10 **서경 75도인 지역에서 매달 15일 0^hUT의 천구북극에 대한 북극성의 위치**

3.5 눈금판 사용하기

관측을 시삭하기 앞서, 관측하고자 하는 천체들의 직경과 적위목록을 만든다. 천체들과 함께 그 주변에 있는 밝은 별 하나의 위치도 함께 적어놓는다. 이 별은 목표 천체들을 찾는데 있어 기준이 되는 별이다. 눈금판을 이용할 때 먼저 이미 언급한 방법 중의 하나로 가대의 극축을 북극성과 정렬한다. 가대에 있는 눈금판을 처음 사용하는 경우라면, 다음과 같은 방법으로 적위판 눈금이 맞는지 확인한다.

극축이 잘 조준되었다면, 망원경을 천정으로 향하게 하고 그 위치에 망원경을 고정시킨다. 이 작업은 그림 3.3과 그림 3.11에 보여진바와 같이 대물렌즈

** 그림 3.11 **GEM가대에서 적위 판의 보정**

판 위에 수평기를 갖다 놓으면 된다. 그 위치에서, 적위판 눈금 바늘이 여러분의 위도를 가르켜야 한다. 만일 그렇지 않으면, 눈금판을 적위축 고정시킨 나사를 풀어서 적위 바늘이 여러분의 위도를 가르키도록 움직인다. 눈금판이 잘 움직이지 않는다면 바늘을 잘 조정한다.

눈금판을 이용하기위해, 기준별을 시야의 중앙에 오게 하고 적위 축을 따라 기준별의 적위와 목표별의 적위의 차이만큼 망원경을 움직이게 한다.

적경을 보정하기 위해, 기준별을 시야의 중앙에 오게 한 다음 적경 판을 움직여 이 별의 적경을 지시하게 한다. 그리고 이 지점에 적경 판을 고정시키고 목표별의 적경이 표시될 때까지 망원경을 움직인다. 적경 판은 동쪽으로 향하면서 증가하는 2개의 눈금판을 지니고 있다. 위쪽의 눈금은 북반구를 위한 눈금이고 아래 눈금은 남반구를 위한 눈금이다.

극축이 잘 맞춰졌다면, 가대에 있는 눈금판이 그림 3.1에 보여진 것과 비슷하게, 25mm 아이피스의 시야에 천체가 들어오게 할 수 있게 된다.

3.6 휴대용 GEM

포크형 가대가 갖추어진 막스토브-카세그레인 망원경과 함께 판매되는 휴대용 삼각대의 편리성은 소형 GEM 가대에서 적용될 수 있는데, 이를 단단한 받침대 적도의라 부른다. 가대의 기초판은 아주 무겁고 단단한 받침대인데, 11×15×2인치 크기로서 주방가구점에서 구할 수 있다. 단단하고 튼튼한 나무가 이상적이다. 이런 받침대는 진동을 흡수하고, 또 실수로 건드리더라도 움직이지 않을 만큼 충분히 무겁다. 제작은 간단하다: EQ2의 삼각대 밑 구멍에 구멍을 뚫어 볼트와 나비나사로 고정시키면 된다. 90mm 막스토브 망원경이 완성된 적도의에 부착된 모습을 그림 3.12에 제시하였다.

극축 맞추기는 햇빛 나는 낮에 수행되어질 수 있다. 받침대의 수평 모서리로부터 수직인 선을 가대의 중심 쪽으로 그린다. 태양이 자오선을 통과할 때 받침대의 남-북 테두리를 그림자와 맞춘다. 동시에 이전에 그려놓은 선들을 기준으로, 극축의 그림자가 받침대의 동-서 방향에 수직이 되게 방위각 축에서 가대를 조정한다. 이렇게 극축 맞추기를 한번 하고나면 야간의 기준으로 받침대의 방향을 표시해놓을 수 있다.

GEM을 이용하면, 포크식 가대를 채택한 적도의로 북극주변의 별들을 관측할 때 생기는 불편함이 해소된다. 남-북선을 따라 가대를 탁자의 반대쪽으로

** 그림 3.12 휴대용 GEM 가대에 설치된 90mm 막스토브 망원경

살짝 밀고 남쪽편에 있는 별을 관측하면 되는 것이다. 고정된 탁자에 사용되어질 때 이런 가대는 90mm 막스토브 망원경과 80mm 짧은 경통 굴절망원경에 제공되는 일반적인 삼각대보다 더 안정도가 높은 것으로 판명되었다. 더욱이, 이런 가대는 참고 성표, 노트와 악세서리 등을 놓기에 편리한 장소도 제공해준다.

3.7 Go-to 가대

go-to 시스템의 효율성에 대하여는 여러 사용자들이 다양한 견해를 보여주고 있다. 북극성과 GEM의 눈금판을 이용한 극축 맞추기는 아마 go-to망원경을 설치하는데 사용되는 두별 맞추기 과정을 수행하는 것만큼이나 간단하고 쉬울 것이다.

상설로 설치된 큰 망원경을 사용하는 사람들에게는, 정확도가 높은 go-to 시스템이 분명 시간을 절약해주는 역할을 할 것이다. 그렇다고 큰 망원경으로 정확도를 높이는 것이 항상 현명한 일은 아니다. 밤하늘의 천체들을 바라보고 있노라면, 여러분의 호기심을 유발시키는 천체들을 보게 될 것이다. 여러분이 이전에 절대 알아차리지 못했던 희미한 별들의 집단이나 빛들이 작은 솜털조각처럼 보이는 현상들은 여러분들이 더 자세히 바라보도록 유인할 것이다. 여러분들이 더 전문적인 관측자가 되어가는 것이다.

go-to가대가 적도의로 사용되지 않는 한, 노출이 큰 사진관측에는 망원경을 사용할 수 없다. 고도-방위각 모드에서 컴퓨터는 시야에 천체를 담아놓기는 하겠지만, 시야가 그 천체주위로 회전하게 될 것이다.

여러분이 처음으로 망원경을 사는 경우라면, 더 좋은 아이피스나 더 좋은 디지털 사진기 같은 유용한 악세서리 몇 개를 더 사는 것이 go-to가대를 사는 것보다 더 현명하다는 것을 고려해야 할 것이다.

제4장

망원경 구입하기

소형망원경을 선택하는 가장 우선적인 기준은 충분한 구경이라고 말하고 싶다. 거기에 광학적 수준과 기계적 수준, 내구성, 휴대성 그리고 다양성을 들 수 있다. 이런 기준에 부합하는 일반적인 디자인으로 80mm의 장초점 굴절망원경과 단 초점 굴절 망원경, 그리고 90mm와 100mm 막스토브-카세그레인 망원경을 들 수 있는데, 이후부터는 그냥 막스토브라고 부르기로 한다. 이 책에서 소형망원경이라는 개념이 사용될 때는 이런 형태의 망원경과 구경을 말하게 될 것이다. 이 책에 수록된 모든 사진들은 80mm 굴절망원경과 90mm 막스토브 망원경을 이용하여 얻어졌다.

이런 형태의 관측기기에 대한 광학적 구성이 잘 알려져 있기 때문에, 이 책의 실습에 중요하다고 여겨지는 장점들과 단점들에 초점을 맞추어 토론해 볼 예정이다.

모든 망원경들은 빛의 회절, 대기조건 그리고 인간 눈의 생리적인 기능의 차이 때문에 분해능, 배율 그리고 관측 가능한 항성등급 등에 대한 한계를 지니고 있다. 주어진 구경을 지닌 특별한 형태의 관측기기로 무엇을 할 수 있는지 추정하기 위해 이런 효과들을 정량화하는 여러 시도들이 이루어져왔다. 실제로, 광학시스템의 형태, 지리적 위치 그리고 각 관측자에 대해 이런 효과들이 아주 다르게 나타나기 때문에 대략적인 안내밖에 할 수 없다.

4.1 구경에 의한 한계

저자는 펜실베니아주의 피츠버그에서 동쪽으로 40마일 떨어진 농경지에 둘러싸여진 시골에 사는데, 광해의 주원인을 제공하는 곳으로부터 15마일 떨어져 산다.

그래서 청명하고 달이 없는 밤하늘에는 80mm f/11 굴절망원경으로 11.3등급의 별까지 잘 볼 수 있다. 거리와 구경사이에는

$$m = 1.8 + 5\log D$$

의 관계가 성립되는데, 여기서 D는 mm단위로 나타낸 구경의 직경이다.

80mm 굴절망원경에 대해 한계등급이 12.1이 되지만, 이 정도 등급의 별은 보통 관측자에게는 너무 어둡다. 위에 제시된 값은 가장 이상적인 수치이다.

부경에 의해 빛이 방해되는 현상 때문에 90mm 막스토브 망원경의 유효 구경은 84mm이다. 2개의 반사표면에 의해 빛이 추가로 손실되기 때문에, 이런 망원경의 한계등급은 80mm 굴절망원경과 비슷하거나 약간 낮다.

원형의 렌즈 구경에 의해 일어나는 빛의 회절은 망원경의 분해능과 배율에 한계를 야기시킨다. 회절 때문에 항성의 이미지가 중심은 최고로 밝은 점과 주변의 희미한 고리로 구성되게 된다. 낮은 등급의 어두운 별들은 희미한 빛의 점들로 보인다. 높은 등급의 밝은 별들에 대해서는, 중심의 최대 밝은 부분이 생기는데, 이를 Airy 원반이라 부른다. Airy원반의 직경은 망원경 구경이 커지면서 감소된다. 만일 쌍성을 구성하고 있는 2개의 별이 어떤 구경의 망원경이 지닌 Airy 직경보다 작은 거리만큼 떨어져 있다면, 개별 별로 분해되어 관측될 수 없다. 이런 기준이 망원경의 분해능을 정의해준다. 대략적으로 1"단위로 표시되는 분해능은

$$R = 115/D$$

으로 구해지는데, D는 mm단위로 표시되는 망원경의 직경이다. 80mm 굴절망원경에 대해 분해능은 1.4"가 된다.

망원경은 대게 초점비, f/ratio로 구분이 된다. 이는 대물렌즈의 유효 초점거리를 구경으로 나눈 값이다. 900mm의 초점거리를 지닌 80mm 굴절망원경의 경우 80mm f/11.3 굴절망원경이라 불린다.

망원경의 배율이 대물렌즈의 유효 초점거리를 접안렌즈의 초점거리로 나눈 값이지만, 막스토브 망원경의 경우 유효 초점거리는 조합된 거울시스템의 초점거리가 된다.

배율은 초점거리가 다른 접안렌즈를 이용하여 변화될 수 있다. 그러나 도달할 수 있는 배율의 한계가 존재한다. 아주 큰 배율에서는, 빛의 회절현상이 행성 이미지의 선명도를 떨어뜨리게 한다. 결과적으로 망원경의 최대배율은 구경에 따라 달라진다. 일반적으로 mm당 2× 법칙이 최고 가능한 배율로서 적용될 수 있다. 공기가 아주 안정된 특별한 밤에는 mm당 2.5× 법칙이 적용될 수 있다.

뉴튼식 망원경과 막스토브식 망원경에서는 부경이 존재하기 때문에 Airy 원반으로부터 빛이 빼앗겨지고, 그래서 회절 패턴에 이차적 고리를 형성하게 만든다. 결과적으로 최고 가능한 배율과 이미지 선명도는 굴절망원경에서 보다 낮다고 여겨진다. 이런 효과는 상당히 큰 부경을 지닌 단초점 뉴튼식 망원경에서 분명하게 나타난다. 부경의 직경, 즉 뉴튼 망원경의 대각선 거울 축이 주경의 직경보다 25%보다 작을 때는 이 효과가 무시될 수 있다. 뉴튼 망원경의 경우 f/8정도부터는 이 효과가 일어난다.

막스토브 망원경의 경우 부경이 주경직경의 34%정도로 까지 밖에 제작할 수 없다는 디자인 한계가 존재한다. 그러나, 이들 망원경의 색수차와 또 다른 수차가 없다고 하는 성질이 주경에 의한 회절효과를 상쇄하는 경향이 있다. 결과적으로 90mm 막스토브 망원경은 80mm 굴절망원경과 견줄 만한 영상을 만들어 낼 수 있다.

4.2 환경에 의한 한계

대기 조건은 망원경의 성능에 심각한 영향을 줄 수 있다. 어느날 밤의 대기 안정도는 시상(seeing)이라는 개념으로 설명되는데, 이는 I에서 IV의 값이 주어진다. 이 값은 주관적이기 때문에, “아주 좋다”, “좋다”, “맑다”와 “나쁘다”라는 정성적인 단어를 사용하는 것이 선호된다.

아주 좋은 시상의 경우, 80mm 굴절망원경으로 200×배율로 보는 것보다 더 선명한 행성의 이미지를 볼 수 있다. 나쁜 시상의 경우, 행성의 테두리만 약간 보이는데, 그것조차 적당한 배율로 확대해볼 때 뚜렷하게 나타나지 않는다. 좋은 시상과 맑은 시상은 행성의 상당히 선명한 이미지를 볼 수 있는 최대 배율에 의해 추정되어질 수 있다. 최대배율이 낮아질수록 시상은 더 나빠진다. 시상에 대한 또 다른 가늠자는 근접 분리쌍성을 분해해서 볼 수 있는 가장 낮은 유효배율이다. 아주 좋은 시상의 밤에는, 2.3"떨어진 분리쌍성은 80mm 굴절망원경으로 70×에서 분해되어질 수 있다. 나쁜 시상에서는 이 쌍성들은 어느 배율로도 분해되어지지 않는다.

유명한 망원경을 처음 사용하는 사람들이 처음에 선명한 이미지를 볼 수 없다고 하여 실망할 필요는 없다. 문제는 광학적 기술이 나쁜데서 기인하는 것보다 대기환경에 의해 더 심하게 야기될 수 있다. 날씨가 좋을 때 다시 한번 시도해 보자.

4.3 굴절망원경에만 있는 한계

굴절망원경으로 이미지를 볼 때 주로 나타나는 문제들은 구면수차와 색수차이다. 대충 만들어진 렌즈들에서는 코마수차, 비점수차 그리고 시야곡률로 인한 이미지 문제가 생길 수도 있다.

초점거리가 짧아질수록 이런 문제들은 더 커진다. 구면수차, 코마수차와 비점수차들은 색지움렌즈의 두 가지 성분들을 잘 배열하여 제어되어 질 수 있다. 잘 배열된 f/11(또는 이보다 큰) 80mm 색지움 렌즈에서는 색수차가 무시될

정도이다. 이런 형태의 망원경들은 아주 뚜렷하고 분해능이 좋은 이미지를 보여준다. 그러나, f/9이하 초점비를 지닌 망원경들에서는, 색 오차가 분명히 나타난다. 그리고, 이런 색 오차는 두 성분을 지닌 색지움 렌즈로는 만족할 정도로 보정되어 질 수 없다. 낮은 배율에서는 거스릴 정도이거나 뚜렷하게 나타나지는 않는다 할지라도, 단 초점거리 망원경에서 고배율 이미지의 질을 현격하게 떨어뜨릴 수 있다.

현재 이 문제에 대처하는 2가지 해결책이 있다. 가장 효과적인 방법으로는 대물렌즈에 세 번째 성분을 추가하는 것이다. 3개의 굴절률을 잘 배열하고 조정하면 단초점거리 망원경에 대해 아주 우수한 색 보정을 할 수 있다. 이런 색지움 렌즈를 부착한 망원경에서는 낮은 초점비에서도 우수한 색 보정을 얻어낼 수 있다. 이런 망원경들은 초점거리가 큰 굴절망원경보다 훨씬 휴대가 용이하고 다양한 활용이 가능하지만, 가격이 비싼 편이다. f/6 80mm 색지움렌즈 굴절망원경은 f/11 80mm 색지움 망원경보다 가격이 10배나 비싸다.

두 번 째 해결책인 약간 경제적인 대안으로 두 성분 색지움렌즈의 한 성분에 아주 낮은 분산(ED) 유리를 사용하는 것이다. 이런 형태로 현재 80mm 렌즈에 사용되는 대부분의 망원경은 f/7정도의 초점비를 지니고 있다.

4.4 단초점 색지움 굴절망원경

f/5 80mm 굴절망원경의 성능은 V-차단필터를 사용하여 고 배율에서도 엄청나게 향상되어질 수 있다. V 차단필터는 파란색 파장과 자외선파장을 효과적으로 차단하고 다른 파장의 빛을 95%정도 통과시키는 필터이다. 2.8× Klee Barlow렌즈에 V-차단필터를 사용하면, 좋은 성능의 f/5 80mm굴절망원경은 150×의 높은 배율에서도 유용해질 수 있게 된다. 그림 4.1의 달 사진은 2.8× Klee Barlow렌즈에 V-차단필터를 사용하여 f/5 80mm굴절망원경으로 찍은 사진이다.

변광성, 혜성, 소행성 과 성단의 안시관측을 위해서는 f/11망원경보다 단초점 굴절망원경이 훨씬 더 유용하다. f/5 80mm 망원경에 25mm Plossl 아이피스

** 그림 4.1 f/5 90mm 굴절망원경으로 찍은 달의 디지털 사진

를 사용하면 3°의 초과시야를 확보할 수 있다. 이 책에 수록된 변광성, 소행성과 성단의 이미지들은 모두 이런 형태의 망원경으로 찍은 것들이다.

4.5 막스토브 망원경에만 있는 한계

막스토브-카세그레인 망원경은 곡률이 큰 성분들을 광학적으로 조합시킨 시스템이다. 결과적으로, 주변 온도와 적응하기 위해서는 굴절망원경보다 더 시간이 오래 걸린다. 겨울에 안에서 바깥으로 가지고 나왔을때, 막스토브 망원경로 적절한 이미지를 보기위해서 적어도 한 시간은 기다려야 한다. 80mm굴절망원경은 15분 정도만 기다리면 된다.

시상이 좋지 않으면 Airy원반이 커지게 되고 회절패턴의 이차 고리의 밝기를 증가시키는 영향을 준다. 이는 부경의 존재가 이미지에 나타내는 효과와 비슷하다. 이런 두 가지 효과들은 서로 강화하는 작용을 해서, 막스토브 망원경이 굴절망원경보다 대기조건에 더 민감하게 만드는 요인이 된다.

90mm 막스토브 망원경의 구경의존 성능은 80mm 굴절망원경의 경우와 비슷하다. 잘 만들어지기만 했다면, 막스토브 망원경에는 이미지의 수차가 존재하지 않는다. 막스토브 망원경의 가장 큰 결함은 활용 다양성이 없다는 것이다. 좁은 시야각을 지닌 장초점 망원경이 필수적으로 필요하다. 막스토브 망원경으로 달, 행성과 쌍성들의 관측하기에는 탁월하지만, 변광성들이나 다른 넓은 시야의 관측을 하기에는 매우 어렵다. 시상이 좋고 주변 온도에 잘 적응이 되었을때, 막스토브 망원경은 아주 이동이 용이한 관측기기이다. 그러나, 항상 막스토브 망원경의 한계에 주의를 기울여야 한다. 간단히 말하자면, 막스토브 망원경은 상당히 광해가 있는 지역에 살고 있는 사람이 태양과 달, 행성 그리고 쌍성을 관측하는데 관심있을 경우에는 아주 탁월한 선택이다.

4.6 뉴튼 반사망원경

뉴튼 반사망원경은 완전하게 색지움이 되었다. 포물면 형태의 주경을 지닌 뉴튼 반사망원경에는 구면수차도 없고, 또 1mm 구경 당 제작비용도 다른 광학 시스템보다 저렴하다. 그러나 효과적인 소형망원경으로서 다양하게 사용되는 것을 제한하는 한계들이 있다.

포물면 형태의 거울에는 구면수차가 없다 할지라도, 다른 형태의 이미지 오차인 코마가 유효시야를 제한하게 된다. 이 효과는 중심시야에서 떨어진 곳의 항성이미지들이 길게 퍼지는 효과를 보이는데, 초점거리가 작아질수록 더 커진다. 또 다른 문제는 시야를 완전하게 다 보려면 초점비가 낮아질수록 부경의 크기가 더 커져야 한다는 것인데, 그렇게 되면 회절효과가 고배율에서 이미지의 선명도를 떨어지게 한다.

부경에 의해 코마와 회절이 섞여진 효과가 단초점 뉴튼식 반사망원경의 저배율 관측을 어렵게 만든다. 만일 f/8이상의 초점비인 망원경이 사용되는 경우라면 이런 유해효과가 무시될 수 있다. 이런 초점거리에서 뉴튼식 반사망원경은 여기에서 논의된 다른 광학시스템과 똑같은 성능을 보일 수 있다. f/8 114mm 반사망원경의 시야는 f/11 80mm 굴절망원경의 시야와 거의 비슷하고, 또 볼 수 있는 한계등급도 거의 비슷하다.

뉴튼식 반사망원경은 막스토브 망원경과 똑같은 적응문제를 지니고 있다. 여기에 경통이 개방되어서 거울이 주변 환경 때문에 더러워질 수 있고 또 내부 경통에 공기흐름은 이미지에 영향을 줄 수도 있다. 거울은 주기적으로 세척되어지고 재조정되어져야 한다. 결과적으로, 뉴튼식 반사망원경은 다른 형태의 망원경보다 실질적으로 더 많은 정비가 필요하다.

아마 현재 시판되고 있는 많은 f/8 114mm 뉴튼식 반사망원경의 가장 심각한 문제점은 제작비용을 절감하기 위해 이들 망원경이 포물면이 아니라 구면으로 제작되었다는 것이다. 이들이 만들어내는 구면수차는 낮은 배율에서는 감지되기 힘들지만, 고배율에서는 이미지 선명도에 큰 영향을 미치게 된다. 망원경 판매업자들은 이런 점을 광고에서는 밝히지 않기 때문에, 이를 알아볼 수 있는 유일한 방법은 전화해서 확인해 보는 것이다.

4.7 접안렌즈(아이피스)

대물렌즈와 마찬가지로 망원경의 성능에서 중요한 부분이 아이피스이다. 대물렌즈가 아무리 성능이 좋다 해도, 이미지수차를 잘 보정해주지 못하는 아이피스를 사용한다면 아무 소용이 없다. 그렇다고 전체 경통의 절반정도의 무게를 지닌 아이피스를 경통과 비슷한 비용을 들여 사용한다는 것도 의미없는 일이다.

아이피스의 겉보기 시야는 돋보기로 사용될 때의 시야이다. 망원경의 시야는 아이피스의 겉보기 시야에 그 아이피스로 관측할 때의 배율을 나누어준 값이다. 예를 들어, 900mm의 초점거리를 지닌 망원경은 25mm의 초점거리를 지닌 아이피스를 사용했을 때 36×의 배율이 된다. 만일 아이피스의 겉보기 시야가 52°라면, 망원경의 시야는 52°/36 또는 1.4°이 된다.

특정한 관측을 위한 아이피스의 선택은 무엇을 관측할 것인가에 따라 달라진다. 달, 행성 그리고 쌍성의 관측을 원한다면 그 날 밤에 망원경에 사용가능한 최대의 배율을 이용하면 된다. 성단이나 성운을 관측하고 싶다면 낮은 배율에서 중간정도 배율이 최적이다. 일반적으로 사용하려면, 52°의 겉보기 시야를 지닌 Plossl제품이면 충분하다. 66° 겉보기 시야를 지니고 있고 뒤쪽 렌즈가 상당히 큰 9mm와 6mm 짜리 Orion Expanse 아이피스면 쌍성, 달과 행성들의 고배율 디지털 사진관측에 충분하다. Speers-Waler아이피스는 82°의 겉보기 시야를 제공하지만, 가격이 Orion Expanse 아이피스의 두 배이다. 18mm, 14mm, 10mm 그리고 7.5mm의 아이피스도 같이 시판되고 있다.

4.8 초점 맞추기

이미지에 정확하게 조점을 낮추는 능력은 때때로 망원경 제조업체들을 곤란하게 만드는 또 다른 설계요소이다. 좋은 망원경들은 하나의 정확한 초점을 갖고 있는데, 이 초점에 아주 뚜렷하고 선명한 이미지가 잡혀진다. 관측을 하면서 이 점을 찾는 것은, 만일 초점을 맞추는 장비가 제대로 만들어지지 않았다면, 매우 실망스러운 일이 될 수 있다. 이런 어려움들이 아주 훌륭한 광학능력을 무색하게 만들어버리기도 한다. 싼 가격의 플라스틱 초점장비는 절대 구입하지 않는 것이 좋다. 만일 불안한 손동작이나 마운트의 불안정성으로 생긴 흔들림이 생길 때는 밧데리로 작동하는 초점 맞추기 모터를 장착해서 이런 흔들림을 보정할 수 있다. 이런 장비들은 이 책의 뒤에 제시된 회사들에서 적당한 가격에 구입될 수 있다.

4.9 파인더

대부분의 상용 망원경에 끼어 팔리는 파인더는 적당하지 않거나 쓸모가 없다. 다행이도, 대부분 망원경들에는 열장이음으로 된 파인더 마운트가 있어서 쓸모없는 파인더를 쉽게 바꿔 끼울 수 있게 되어있다. 직선 형태로 된 파인더는, 성능에 상관없이, 어떤 망원경으로 보든 천정 근처에 있는 천체를 볼 때 사용하기 어렵다. 이런 파인더는 최소 직경 30mm 정도의 직각으로 굽어진 파인더로 교체되어야 한다. f/5 80mm굴절망원경은 이런 파인더가 필요없다; 이 망원경에 장착된 3.2° 시야의 25mm아이피스면 충분하다.

4.10 필요한 악세서리들

다음과 같은 많은 망원경 악세서리들은 이 책에 서술된 관측을 위해 유용하지만, 물론 다 필요한 것은 아니다. 여러분이 소형망원경으로 최대의 관측을 해보려는 숙련된 관측자라면, 아마 이런 악세서리들은 다 가지고 있을 것이고 이들을 사용하는데 익숙해져 있을 것이다. 초보자의 경우라면, 여러분의 관심에 따라 필요한 것들을 추가하면 된다.

9장에 서술된바와 같이, 행성관측을 위한 칼라 필터세트는 행성들의 특정 관점의 이미지를 선명하게 해준다. 12.5mm의 십자망선 조명 아이피스는 몇몇 안시관측과 장시간 노출 사진관측에 유용하다. 망원렌즈가 장착된 사진기를 위한 피기백(piggyback) 마운트장치는 디지털 사진관측이나 필름사진관측에 필요하다. 전자 스톱워치는 달의 엄폐측정, 목성위성의 식과 지나가는 시간 측정 그리고 목성반점의 지나가는 시간을 측정하는데 필수적이다. 빨강색 전등은 사진기의 설정판과 기록되는 자료를 읽는데 도움을 준다.

4.11 적당한 소형망원경 구입하기

이 질문에 대한 답은 여러 가지가 있는데, 여기서는 몇 가지만 언급한다: 주변환경이 어떠한가? 도심인가 또는 시골인가? 아파트에 거주하고 있는가? 또는 뜰이나 정원이 있는 집에 살고 있는가? 광해가 적은 곳으로 쉽게 이동 가능한가? 여행할 때 망원경을 쉽게 가지고 다닐 수 있는가? 망원경의 다양한 활용성을 학생들과 나누길 원하는 과학교육자인가? 휴대용 망원경이 필요할 수 있는 공개강의를 자주 하는 과학교육자인가? 나처럼 손자손녀를 방문할 때 망원경을 가지고 다니는가? 이 책에 서술된 어떤 실습이 오랫동안 여러분의 관심을 끌게 될 것 같은가? 여러분이 과학교육자라면 어떤 실습이 여러분에게 가장 유익할 것 같은가? 비용은 얼마정도 인가? 얼마의 여유가 있는가?

저가이면서 성능좋은 90mm 막스토브 망원경이 시장에 나오면서 f/11 80mm 굴절망원경이 사라지게 되었다. 오리온(Orion) 회사는 가이드 망원경으로 고안된 경통을 120불에 판매한다. 미드(Meade) 회사는 완전한 장비가 구축되지 않은 마운트를 포함하여 200불에 막스토브 망원경을 판매한다.

여러 제조업체들은 f/5 80mm굴절망원경 세트를 200불 이하에 판매한다. 이 망원경은 변광성을 안시관측하고 사진 관측하는데 내가 즐겨 사용하는 망원경이다.

80mm 일부 색지움된 ED 굴절망원경이 500불 이하로 판매되는데, f/6 -f/9의 초점비를 지니고 있다. 같은 구경의 색지움 굴절망원경은 1000불 이상으로 판매된다.

좋은 90mm 막스토브 망원경의 가격은 천차만별이다. EQ2가대와 추적 장치가 장착된 Orion 90mm 세트는 425불이다. 경통자체 가격은 220불이다. 포크형태 가대에 go-to특징을 뺀 Meade ETX 90mm 세트는 500불이다. 표준 퀘스터(Questar)의 최소가격은 4100불이다. 이들 망원경을 다 사용해 보았는데, 광학성능은 모두 최고급이다.

전통적으로 전수되는 성능의 뛰어난 수제품의 걸작인 퀘스터는 의심할 여지없이 소형망원경의 귀중품이다. 반면, 여러분이 이런 형태로 잘 작동되는 망원경을 찾고 있다면, 저가의 오리온 막스토브망원경이면 충분하다. 이 책에 수록된 모든 쌍성 사진관측은 EQ3가대에 장착된 Orion Apex 90으로 수행되었다.

f/5 80mm 굴절방원경과 90mm막스토브 망원경에 튼튼한 가대와 추적 장치를 추가하는 것은 아주 좋은 해결책이다. 두 개 망원경의 가격은 합쳐봐야 f/7 80mm 색지움 굴절망원경세트의 가격보다 낮고, 이런 조합은 용도가 다양하다. 두 개 세트는 같은 가대에 교대로 사용되어질 수 있고 또 이들 망원경은 같은 아이피스를 사용한다. 이런 시스템은 아주 휴대가 간편해서 교육목적에 더할 나위 없이 적합하다.

여러분이 망원경 한 대를 구입하려하는데 상당히 광해가 많은 지역에 살고 있다면, 90mm나 100mm 막스토브 망원경을 추천하고 싶다. 이들의 작은 시야가 관측의 다양성을 제한하기는 하지만, 태양, 달, 행성과 쌍성들의 안시관측과 사진관측에 적합한 망원경이다.

한 대의 망원경으로 가장 다양한 용도로 사용할 수 있으며 저가인 망원경은 f/5 80mm굴절망원경으로 가격이 200불 아래이다. 가격이 중요하지 않다면, f/5 또는 f/6 80mm 색지움 굴절망원경을 사는 것이 현명한 선택이다.

제5장

천체사진관측

5.1 디지털 천체사진

한 점을 맞추고 눌러서 찍는 범용 디지털 사진기의 보급은 소형망원경의 다양한 가능성을 열어주었다. 이런 사진기로 태양, 달, 행성, 소행성 그리고 쌍성들에 대해 높은 분해능의 고배율 사진들이 찍어져서 처리되어 몇 분 내에 인쇄되어 여유를 가지고 측정되어 질 수 있다. 현재 적당한 가격으로 구해질 수 있는 높은 분해능의 5M 픽셀 사진기들의 대부분이 ISO 400에서 30초 노출로 저 잡음 사진을 찍을 수 있다.

이 책에서 다루고 있는 소형망원경에 대한 기본 기준을 유지하면서, 디지털 사진기에 대한 토론을 고정된 렌즈를 지닌 디지털사진기로 제한하기로 한다 천체사진관측을 위해서는 무 초점 방법을 사용하였는데, 이는 사진기를 무한대 초점에 맞추고 초점이 맞춰진 망원경의 아이피스에서 직접 사진을 찍는 방법이다. 이 방법을 이용하면, 항성, 산개성단, 쌍성과 구상성단같은 점광원들의 사직관측이 가능한데, 망원경의 구경, 사진기의 ISO 그리고 무 잡음 노출시간에 따라 한계등급은 달라진다. 그림 5.1의 페르세우스 이중성단을 찍기 위해 사진기는 f/5 80mm 굴절망원경에 부착된 25mm아이피스에 연결하였다. 노출시간은 30초였다.

** 그림 5.1 **f/5 80mm굴절망원경을 이용하여 무초점 방법으로 찍은. 페르세우스 이중성단의 사진관측 25mm의 아이피스에 5.1M픽셀 사진기가 사용되었다.**

디지털 사진관측에서는 상반칙불궤현상(reciprocity failure)이 일어나지 않는데, 상반칙불궤현상은 노출시간이 길어지면서 필름의 감도가 떨어지는 현상이다. 디지털 사진관측에서 항성이미지의 직경은 항성등급 함수에 선형관계가 있다. 이 관계는 13장에 언급된 변광성의 등급측정에 사용된다.

달이 없는 청명한 밤에, 80mm 굴절망원경은 ISO 400에서 30초노출로 12등급까지 사진 관측할 수 있다; 15초 노출을 하면 한계등급은 11.25등급이 된다. 이런 한계 내에서, 다수의 장주기 변광성이 관측되어 광도곡선을 만들어 볼 수 있다. 충(opposition)위치에서 9등급보다 밝은 많은 밝은 소행성들은 이런 사진관측에서 쉽게 찾아볼 수 있다.

퍼져있는 성운이나 외부은하들의 경우는 이와 다르다. 이들 천체들은 점광원이 아니다. 망원경의 대물렌즈의 초점에 점광원의 밝기는 퍼져있는 넓이에 따라 달라진다. 초점면에서 퍼져있는 이미지의 밝기는 초점거리가 커지면서 감소되는데, 왜냐면 빛이 더 큰 면적에 퍼지기 때문이다. 결과적으로, 망원경의 초점면에서 퍼진 천체의 밝기는 대물렌즈의 구경에 비례하고 그 초점거리, 즉 초점비에 반비례한다.

외부은하들은 점광원들의 집합체라 할지라도, 그들은 너무 멀리 떨어져 있어서 소형 망원경에는 희미한 빛 덩어리로 보인다. 한 은하가 9등급인 것으로 묘사될 때는, 그 밝기는 은하 이미지 범위에 퍼져있는 9등급의 항성의 밝기와 같다. 이는 퍼져있는 성운과 혜성에서도 똑같다. 그래서, 작은 망원경으로는 아주 밝은 천체들을 제외하고는 모든 천체들이 수 분이 넘는 노출시간이 필요한데, 이런 노출시간은 고정된 렌즈 디지털사진기의 잡음한계를 초과하는 시간이다. 짧은 노출의 사진들을 많이 찍어서 이들을 적당한 컴퓨터 소프트웨어를 이용하여 합성하는 방법을 통해 장시간 노출과 똑같은 사진관측을 할 수도 있다.

넓은 시야에 있는 어두운 항성들을 관측하기에는 단초점 망원경이 높은 초점비 망원경에 비해 장점이 있다. 불행하게도, 이들은 또한 배경 빛을 더 효과적으로 확대시켜버린다. 상당한 광해가 있는 지역에서, f/5망원경은 퍼져있는 어두운 천체를 관측하는데 있어 f/8이나 f/11망원경보다 덜 효과적이다. 디지털 사진관측에서 f/11에 대한 f/5망원경의 장점은 넓은 시야의 사진관측을 제공하고(아이피스에 따라 2.5° 또는 3.0° 정도) 또 30초의 노출에서도 별이 흐르지 않고 추적가능하다는 것이다. 만족할 만한 결과를 얻기 위해서, f/10망원경은 f/5망원경보다 두 배의 추적정밀도를 요구한다.

5.2 사진기의 선택

망원경의 아이피스에 장착이 되었을 때 지나친 하중과 휘어짐을 방지하기 위해서 사진기는 작고 가벼워야 한다. 망원경에 보여지는 모든 것들을 사진에 담기위해서는 적어도 최소한 3.1M 픽셀정도의 해상도를 지녀야 한다. 확대기능을 제공하기위해, 사진기는 줌 렌즈를 가지고 있어야 하고 또 원격 조정 셔터 또는 셀프 타이머를 지니고 있어서 손으로 셔터를 누를 때 생기는 진동이 사진의 질을 훼손하지 않게 해야 한다. 태양, 달, 행성 그리고 쌍성의 사진관측을 위해서는 1/1000초에서 2.0초의 셔터속도가 필요하다. 사진기가 성단, 변광성과 소행성관측에 사용되려면, 15초에서 30초까지에서 잡음 소거 노출기능이 또한 필요하다. 이 책에 수록된 사진들은 30초까지 노출이 가능한 5M픽셀 Sony W5 사진기를 이용 얻어졌다.

5.3 카메라 설치

여러분이 보통 때 안경을 쓰지만 안경 없이 먼 거리에 있는 천체들을 분명하게 볼 수 있다면, 천체들을 망원경에 초점을 맞출 필요가 없다. 반면에, 먼 거리를 보는데 안경이 필요하다면, 그 안경을 벗어보라. 이는 망원경을 무한대에 초점을 맞추고 또 무 초점 방법으로 선명한 사진 이미지를 얻게 해준다.

Scopetronics사는 망원경의 아이피스에 직접 디지털 사진기를 부착할 수 있는 어뎁터를 거의 모든 종류의 사진기에 대해 판매한다. 한 예로 그림 5.2에는 Sony W5사진기의 어뎁터가 제시되었다.

** 그림 5.2 **25mm의 아이피스에 무초점 어뎁터가 장착된 디지털 사진기**

5.4 무초점 방법의 시야

대물렌즈, 사진기 렌즈 그리고 아이피스가 조합되었을 때 유효초점거리는

$$F = F_0 F_c / F_e$$

로 주어지는데, 여기서 F_o는 대물렌즈의 초점거리, F_c는 사진기 렌즈의 초점거리, 그리고 F_e는 아이피스의 초점거리이다. 7.9mm 사진기 렌즈와 25mm 아이피스 렌즈에 장착된 400mm대물렌즈에 대해서 유효초점거리는 126.4mm이다. 이 예에서 아이피스는 초점거리를 작아지게 하는 효과가 있다. 고정된 렌즈가 부착된 디지털 사진기의 검출기는 7.2mm×5.3mm의 크기를 지니고 있다. 이런 장치를 이용했을 때 직각사각형 모양의 시야 너비는

$$D = (7.2/126.4)(180^\circ/\pi) = 3.3^\circ$$

가 된다. 400mm 대물렌즈의 주초점 위치에서 사용된 35mm사진기에 대해, 시야너비는 5°가 된다. 검출기의 크기가 작다는 것은 디지털 사진기의 초점거리 감소현상효과를 상쇄시켜 준다.

7.9mm의 사진기 렌즈, 9mm 아이피스와 조합된 1250mm초점거리의 90mm 막스토브 망원경에 대해, 유효초점거리는 3292mm가 된다. 이때 시야는 7.5' 밖에 되지 않는다. 여기서 아이피스는 확대렌즈가 된다. 그렇게 긴 유효초점거리는 쌍성의 사진관측에 유용하다.

5.5 망원 변환렌즈

더 넓은 시야는 망원경을 통한 무 초점 방식에서 보다 디지털사진기에 망원변환렌즈를 사용하여 얻어질 수 있다. 이런 렌즈들은 많은 디지털 사진기의 필터 어댑터 안으로 장착된다. 사진기는 그림 5.3에서와 같이 망원경에 피기백 마운트에 설치된다.

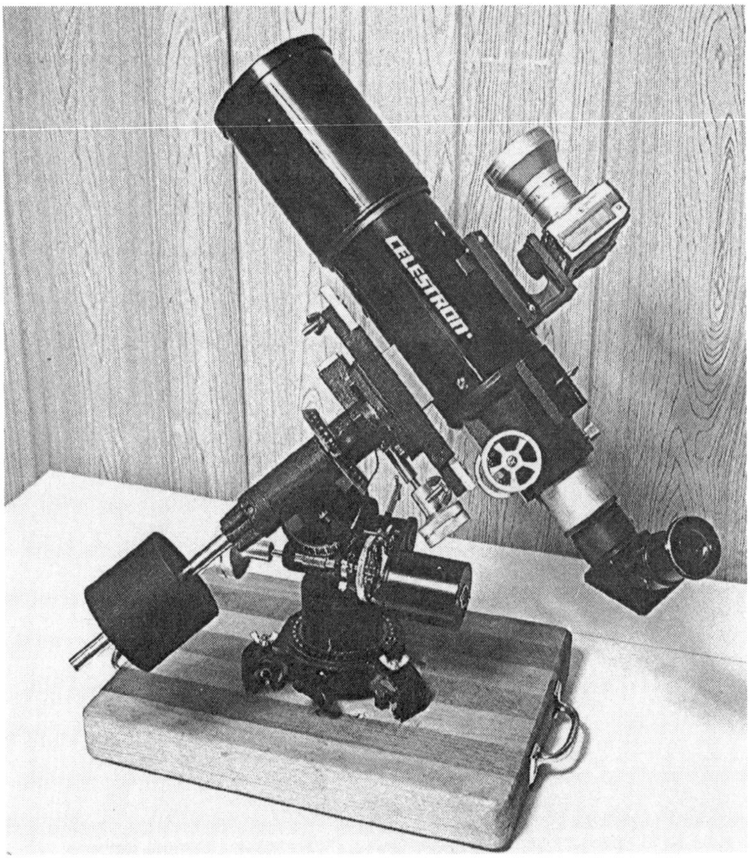

** 그림 5.3 **f/5 80mm 굴절망원경에 장착된 망원렌즈를 지닌 디지털 사진기**

이런 대부분 렌즈들은 고정된 카메라 렌즈의 초점거리를 두 배 가까이 증가시킨다. 전형적인 디지털 사진기는 3×의 줌이 사용되었을 때 24mm정도의 초점거리를 지닌다. 망원변환렌즈는 48mm정도의 초점거리를 만들어낼 것이다. 7.2mm×5.3mm의 검출기를 사용하였을 때 시야는 8.6°이 된다. 이는 232mm 망원렌즈를 35mm의 필름 사진기에 장착했을 때의 효과와 같다. 이런 변환렌즈를 사용하여 30초 노출을 했을 때 가능한 사진 한계등급은 약 8등급 정도 이다. 이들은 별자리의 광시야 사진관측을 하고 또 개인적인 성도를 만드는데 유용하다.

5.6 인쇄과정

각 천체에 대해 언제나 여러 장의 사진을 찍어 본다. 반드시 어떤 사람은 다른 사람보다 더 잘 찍게 된다. 경우에 따라서는, 같은 영역에서 찍은 다른 수십 장의 사진들이 평범할 때, 유난히 좋은 시상을 보이는 짧은 순간에 달 표면에 대한 훌륭한 사진하나가 얻어질 수 있다. 수 십 장의 성단 사진들 중 한 개만이 별이 흐르지 않고 잘 찍혀질 수 있다. 사진을 많이 찍으면 찍을수록 좋은 사진을 프린트할 기회가 더 많아진다.

성단들과 소행성들의 사진관측은 처음에는 실망스러울 수 있다. 컴퓨터의 작은 이미지들이 하나도 안보일 수 있다. 색 대비를 증가시키면 별들이 갑자기 다 없어지기도 한다. 이미지를 약간 선명하게 하기만 해도 더 많은 별들이 보이게 될 것이다. 색대비를 높이거나 선명도를 높이는 것에 주의해야 하는데, 왜냐면 이런 작업은 배경잡음을 만들어내기 때문이다. 광시야 사진관측은 시야의 바깥영역에 약간의 이미지 일그러짐 현상을 야기하기도 하는데, 이 부분은 잘라 버릴 수 있다. 또한 관심있는 영역을 잘라내서 확대해서 볼 수도 있다.

인쇄된 디지털 사진을 이용하면, 소형이나 중형망원경에 장착된 마이크로메터를 이용하는 것보다 더 쉽고 정확하게 여러 가지 측정을 해낼 수 있다. 춥고 구름 낀 밤에도, 작업자는 따뜻한 방에서 편하게 작업할 수 있다. 필요한 것은 단지 눈금자와 각도기이다.

사람들은 컴퓨터 모니터에서 직접 측정을 할 수 있는데, 이는 이 책의 여러 부분에서 논의된 겹치기 눈금자를 이용하여 읽어시고 결과를 파일에 지징할 수 있다. 이런 눈금자들 중에는 태양 흑점의 위도와 경도측정을 위한 Stonyhurst의 8격자, 달 표면의 특징을 위한 선형 눈금자, 그리고 변광성 측정을 위한 등급자등이 있다.

이런 겹치기 눈금자를 사용하는 과정들은 이 책의 적당한 곳에서 다루어진다. 여기서 언급하고자 하는 것은 마이크로소프트사의 Picture It! Premium 10의 사용에 기인한다. 같은 기능을 하는 다른 사진처리 소프트웨어들도 사용가능 하다.

겹치기 눈금자를 사용하기 위해 우선 처리된 프린트 화일을 열고 적당한 크기로 확대해 본다. 겹치기 눈금자를 끌어서 측정하고자 하는 천체의 이미지에 올려놓고 [Effect]메뉴를 활성화 시킨다. [Transparent Fade]를 클릭하고 나서 [Even]을 클릭한다. 겹치기 눈금자를 원하는 투명도까지 희미하게 한다.

어떻게 적용하는가에 따라, 눈금자를 이미지에 맞추기 위해 축소할 수도 있고 확대해야 할 수도 있다. 눈금자는 필요한 경우 원하는 만큼 회전할 수도 있는데, 이 작업은 [Rotation]메뉴에 들어가 메뉴의 오른쪽 위의 구석에 있는 [Object]를 클릭함으로 수행된다. 회전각은 [Rotation]메뉴의 [Custom Rotation]으로부터 직접 읽어낼 수 있다. 이 작업이 완료되면, 눈금자나 격자는 커서를 이용하여 원하는 곳으로 움직여 질 수 있다. 이미지에서 줌인을 하면 같은 양만큼 눈금자가 커진다.

보통 디지털 사진기를 소형망원경에 사용하는 시도는 사실상 소형망원경들을 아주 큰 관측기기로 변하게 해버렸다. 소형망원경들은 한계가 있지만, 그들의 잠재력을 충분히 사용되었을 때, 이들은 기대했던 것 보다 훨씬 더 많은 것들을 해낼 수 있게 된다.

다양한 천체들에 대한 과정들의 특별한 설명은 이 책의 필요한 곳에서 이루어졌다. 여기에서 우리의 목적은 디지털 사진관측에 대한 기본을 설명하는 것이 아니라 오히려 어떻게 디지털 카메라를 사용하는 가에 있다. 디지털 이미지관측에 대한 더 자세하고 훌륭한 참고문헌들이 이 책의 뒷부분에 제시되었다.

5.7 필름 사진관측

사진 인화 액을 이미지를 얻고 자료를 얻는데 사용하는 기법은 항성 분광학과 광전측광과 함께 현대 천체물리를 가능하게 했던 기술들이다. 최근에는 사진 인화 액 대신 디지털 기술이 사용되고 있지만, 아직도 소형망원경을 이용한 광시야 혜성 및 소행성 탐사와 성운과 외부은하 이미지관측에는 필름 사진관측이 훨씬 효과적이다. 16장에 기술된 항성 스펙트럼은 디지털 사진기를 이용해서는 효과적으로 얻어질 수 없다. 추적하지 않는 상대로 5분 정도의 노출 사진은 3200ISO의 필름속도로 400mm렌즈로 얻어질 수 있다.

디지털 사진관측이 유행이 되어버린 결과로서, 훌륭한 단일 렌즈 반사 필름 사진기가 원래 가격보다 아주 싼 값으로 구입되어 질 수 있다. 이런 사진기들은 성운, 외부은하의 사진관측과 광시야 은하수 관측을 위해 경제적이며 좋은 선택이다. 광시야 관측을 위해, 필름 사진관측은 망원경에 평행하게 설치되거나 단 초점 굴절망원경의 주 초점에 설치된 사진기에 의해 최적으로 수행되어 진다. 필름 사진기는 또한 이전 장에서 디지털 카메라에 대해 서술된 무초점 방법으로 사용되어질 수 있다. 아이피스에 카메라를 직접 장착하는 어뎁터들은 Scopetronics에서 구입되어 질수 있다.

필름 사진관측의 가장 불편한 점은 필름이 처리되어 컴퓨터에 스캔될 때까지는 이미지들이 보여 질 수 없다는 것이다. 일반적인 1시간 사진 인화기 들이 더 이상 흑백 필름을 현상하지 않는 상황에서 유일한 대안은 스스로 현상하는 것인데, 이는 아주 어려운 작업도 아닐 뿐 만 아니라 시간을 투자해야 하는 작업도 아니다. 필름 사진관측 작업의 주된 작업은 항상 인쇄 작업이었다.

5.8 이미지의 인쇄

현대적 인쇄술은 옛날에 사용되던 것과는 다르다. 확대기, 다양한 렌즈와 화약약품을 가지고 있는 암실은 더 이상 필요하지 않다. 35mm 슬라이드를 지니고 있으며 음화 스캐닝 기능이 있는 스캐너는 고품질의 이미지를 제공하여 컴퓨터에서 다음 이미지와 작업하는데 힘도 안들 뿐더러 경제적으로 해낼 수 있게 한다. 디지털 사진기에 대해 여기서 서술된 모든 겹치기 사진들은 디지털 필름 이미지에도 사용되어 질 수 있다.

필름 이미지 처리와 디지털 이미지처리의 조합은 천문 이미지 취득의 복잡한 형태이다. 필름 천체 사진관측은 1세기 넘게 유지되었었다. 결과적으로, 필름, 처리과정, 렌즈 및 노출의 선택에 대한 주제들에 대한 충고를 주는 다양한 참고문헌들이 존재한다. 그런 자세한 점까지 다루는 것은 이 책의 수준을 넘어서는 일이다. 이런 정보들은 참고문헌 목록에서 취득되어질 수 있다.

제6장

태양

태양의 겉보기 표면인 광구는 태양대기의 밀도가 너무 커서 가시광선에 대해 불투명해지는 태양대기의 영역이다. 태양에서 가장 매혹적인 현상은 태양흑점이 일어난다는 것인데, 흑점은 주변보다 차가워서 검게 보이는 영역이다. 태양 흑점의 원인은 태양 자기장이 연속적으로 변화하는 것과 관계가 있다.

태양 흑점과 관련되어 가장 이상한 현상은 흑점의 수가 주기적으로 커졌다 작아진다는 것이다. 흑점의 11년 주기는 395년의 태양관측 역사 속에서 꾸준하게 나타나고 있는데, 그 중 17세기와 18세기동안 70년의 극소기를 보이는 것이 예외적이라 하겠다. 태양흑점 주기와 동시에 태양 자기극이 22년의 주기로 변한다.

태양이 자전하면서, 흑점들은 관측자가 보기에 동에서 서로 움직이는데, 그래서 태양의 자전율을 태양 위도의 함수로 나타내주는 지침자 역할을 한다. 주기의 초기에, 태양흑점은 태양적도의 북쪽 또는 남쪽으로 30° 떨어져 있는 것처럼 보인다. 주기가 진행되면서, 흑점의 태양위도는 감소하여서, 주기의 마지막에는 태양적도 바로 위 또는 적도근처에 흑점이 위치하게 된다.

흑점들은 또한 점진적인 변화를 겪으며 그 구조 또한 변한다. 때때로, 한 주기가 극대기에 접근하면서, 넓은 흑점군에서 많은 흑점들이 나타난다. 이런 큰 그룹은 자주 태양 플레어라 부르는 고에너지 분출의 원인이 된다. 플레어에 의해 방출된 양성자와 전자들은 지구의 상층대기에 부딪히며 오로라를 형성한다. 가장 강렬한 태양 플레어는 전력 및 통신장애를 일으키는 것으로 알려졌다. 일반적으로 태양의 고에너지입자는 태양흑점 극대기 동안에 증가한다.

또 다른 광구 현상은 백반(faculae, 횃불이란 뜻의 라틴어)이라 불리는 불규칙적인 형태를 지닌 밝고 큰 구조이다. 백반은 주변광구보다 더 밝게 보이는데, 왜냐면 이들은 광구보다 수백 km 더 높이 있으며 온도는 약 300K정도 더 높기 때문이다. 이들은 일반적으로 그들이 속해있는 흑점영역보다 15-20% 더 크다. 백반은 태양의 주연감광이 일어나는 가장자리에서 쉽게 보여 지는데, 이 지역은 최근 흑점활동이 있었거나 태양흑점이 막 일어나려 하는 지역 근방이다. 백반이 태양의 동쪽 가장자리에서 나타날 때는 대게 흑점군이 이어서 나타난다. 경우에 따라, 극 쪽의 백반이 보통의 태양흑점 위도보다 더 북쪽 또는 남쪽에 나타나게 되는데, 태양활동 극대기까지 커지는 동안 이런 현상이 일어난다.

흑점이 태양활동이 커진다는 것을 알려주는 쉽게 관측되는 증거이기 때문에, 흑점주기와 지상에 나타나는 현상간의 관계성을 찾으려는 시도를 많이 한 바 있다. 가장 특별한 관심을 끄는 것은 태양 활동과 장주기 및 단주기 기후변화에 대한 관계이다. 현재 이런 관계성이 있다는 낌새는 파악되었지만, 이유와 영향을 보여주는 어떤 특정한 관계도 이들의 직접적인 연관성을 보여주지 못했다.

한 예가 마운더(Maunder) 극소기이다. 1890년에 마운더(E.W. Maunder)는 그동안의 기록들을 철저하게 검토한 후에, 1645년과 1715년 사이에는 몇 개의 흑점밖에 기록되지 않았음을 보고하였다.

태양은 이 시기에도 저명한 관측자들에 의해 철저하게 관측되었기 때문에, 주의력 부재라는 실수로 기록의 권위가 침해당할 수 없었다. 70년 주기의 낮은 태양활동은 아마 유럽 전역에 걸친 길고 추웠던 겨울과 짧은 여름과 일치한다. 태양흑점 주기는 아마 마운더 극소기 동안 지속되었지만 극대기에는 몇 개의 흑점만이 나타났었을 거라는 증거들이 존재한다.

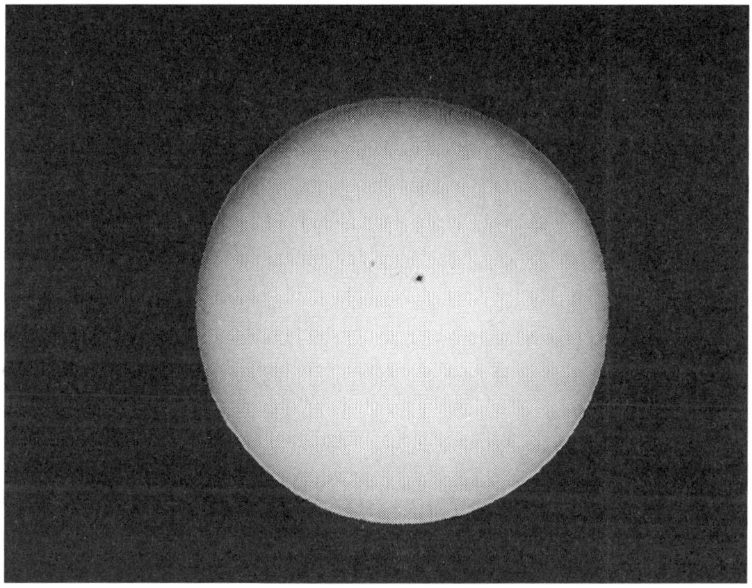

** 그림 6.1 **태양 극소기에서 관측된 이상하게 큰 흑점**

극대기에서의 태양 강도, 주기의 지속기간 그리고 그 주기성은 관측역사에서 변화하였나. 1761년에서 1989년까지는 극대기시이의 기간이 짧게는 8년 정도, 길게는 17년 정도이었는데 평균적으로는 11년이었다.

태양활동 변화의 본질을 이해하기 위해서는 극소기동안의 기록들이 극대기동안의 흑점수를 기록하는 것만큼 중요하다. 극소기에서의 기록은 흥미롭지 않을 수도 있지만 아주 중요하고 때로는 놀라운 현상이 될 수도 있다. 2005년 11월 19일 태양 흑점 극소기 동안에 찍어진 그림 6.1은 이상하게 큰 흑점하나를 보여준다. 이 사진관측이 행해진 날 바로 전과 후의 수 주일 동안 아주 작은 흑점들만 몇 개 보였었다.

현재 사용가능한 장기간 수집된 자료들은 태양활동과 지구 기후사이에 확실한 관계를 분명하게 설정하기에는 불충분하다. 기후변화에 영향을 주는 모든 중요한 변화들을 효과적으로 검출하고 추적관측하며 이들을 연구하는 수단은 25년전 까지는 알려지지 않았다. 반면 태양활동의 변화를 추적 관측하는 기술이 지난 200년 동안 태양활동변화를 이용하려 노력하는 사람들에게 제공되었다. 이 기술은 소형망원경으로 구성되었다. 이는 관심있는 사람들이 뒤뜰관측으로부터 중요한 과학적 자료를 만들어 낼수 있는 영역중의 하나이다.

현재 태양주기에서 극소기가 2006년에 일어났다. 새로운 태양활동주기가 태양위도가 높은 북쪽과 남쪽에서 흑점들의 출현으로 시작되었다. 이제 자료 수집을 시작한다면, 여러분들은 새로운 주기의 출발을 관측할 수 있게 될 것이고 극소기에서 극소기 까지의 주기를 추적할 수 있게 될 것이다. 다음 태양주기를 관측하는 것은 적어도 11년 동안 여러분의 호기심을 채워줄 수 있을 것이다.

6.1 태양의 안시관측

> • 주의
>
> 태양관측 장비가 구축되지 않은 망원경을 가지고 태양을 바라보는 것은 순식간에 영구 실명을 야기할 수 있다. 망원경을 태양 쪽으로 향하기 전에 적절한 태양 필터가 확실하게 설치되었는지 항상 확인하라. 절대로 망원경을 낮에 아무데나 놓아두지 마라.

태양을 보는 전통적인 방법은 망원경의 아이피스 끝 쪽에 설치된 하얀색 투영 판에 태양의 이미지를 투영시키는 것이다. 이런 방법은 대물렌즈 앞에 특별히 제조된 구경필터를 설치하는 것으로 대체되었다. 유리나 또는 마일라 필름으로 만들어진 이런 필터들은 금속코팅이 되어있어서 극자외선 빛은 차단하고 태양빛의 0.0001%만을 통과시킨다. 이런 필터는 안전할 뿐만 아니라 투영방법보다 더 자세한 태양의 모습을 보게 해 준다. 망원경이 아이피스 투영방법으로 장시간 사용되면 작고 닫혀진 시스템에서의 내부 반사가 일어나기 때문에, 태양열은 광학시스템에 피해를 야기할 수 있다.

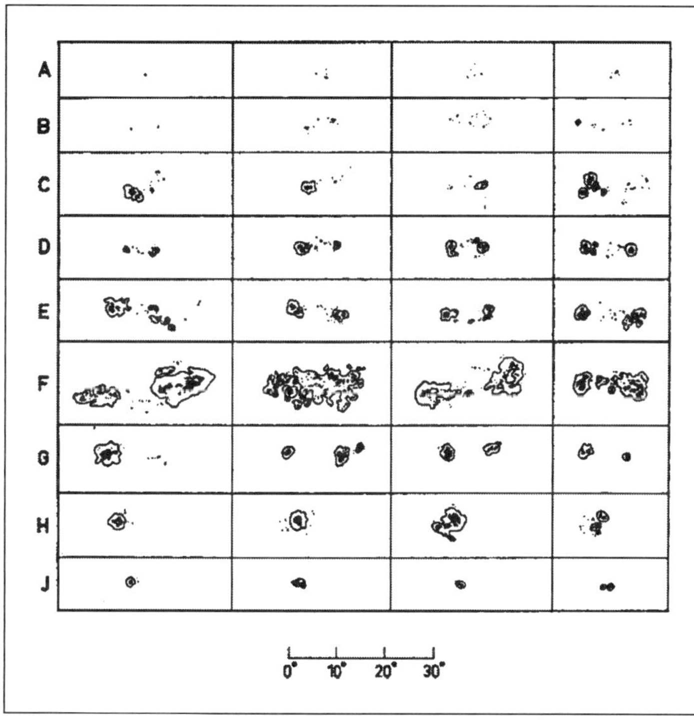

** 그림 6.2 태양흑점들의 형태들

6.2 흑점의 분류

태양흑점들은 크기와 구조가 변화한다. 전형적으로, 그들은 중심이 까맣고 주변이 약간 밝은 반음영으로 둘러싸여 있지만, 반음영이 없는 작은 단일 흑점으로도 나타날 수도 있고, 일반적인 반음영을 지닌 쌍극 흑점 또는 태양경도 20° 정도에 뭉쳐있는 큰 쌍극 흑점그룹들의 형태로도 나타난다. 흑점들을 형태학적으로 분류하기 위하여, M. Waldmeir는 1938년에 쮜리히 분류라고 불리는 시스템을 고안하였다. 이 시스템에서 각 흑점분류의 주요 형태가 그림 6.2에 제시 되었다.

6.3 흑점의 개수

흑점의 개수를 세는 국제적 표준 방법은 흑점 그룹을 세고, 각 그룹내에 있는 흑점의 수를 포함한 전체 흑점수를 세는 것이다. 어떤 특정 그룹의 일부가 아닌, 개별 흑점들은 그룹으로 간주된다.

흑접들의 그룹들의 개수를 g라 하고, 흑점의 전체 개수를 N이라하면, 상대적인 흑점수 R은

$$R = 10g + N$$

으로 주어진다.

그림 6.3에는 두 개의 큰 그룹이 각 분류에 따라 표식이 부여된 다른 몇 개의 그룹들과 함께 보여졌다. 이들 그룹들이 아주 강렬한 태양 플레어를 야기시킨다.

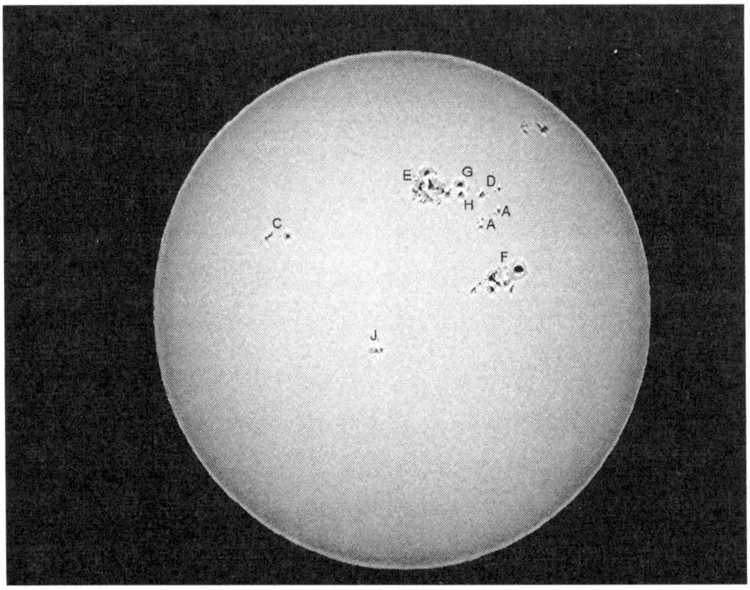

** 그림 6.3 **f/11 80mm 망원경으로 찍은 디지털 사진. 흑점의 형태에 따라 표식이 부여되었다.**

6.4 안시관측 해보기

태양이 시야에 들어오게 망원경을 조준하는 가장 최선의 방법은 망원경을 경통에 의해 생겨진 그림자가 최소 직경의 원을 형성할 때까지 움직여보는 것이다. 낮은 배율의 아이피스를 이용한다면, 태양이 시야의 중심에 올 때까지 망원경을 움직여보자.

가장 중요한 안시관측은 흑점의 수를 세어보고 흑점군들의 개수와 형태를 파악해보는 것이다. 각 그룹에 의해 포함된 위치와 면적들 그리고 겉보기 형태의 변화들에 대한 더 자세한 분석은 디지털 사진관측을 수행하거나, 또는 스케치를 해가며 궤적을 찍어가 볼 수 있다.

태양 흑점의 위치에 대한 기준을 정의하기 위해서는, 관측자는 아이피스에서 동-서 그리고 남-북방향을 설정해야 한다. 포크타입 적도의식 막스토브 망원경의 경우, 망원경이 그 방향으로 움직일 수 있도록 제한되어 있고 아이피스가 고정되어 있기 때문에 남-북 방향은 미리 설정되어 있다. 아이피스에서 동-서 방향은 추적장치를 꺼놓으면 결정되어질 수 있다. 그렇게 되면 태양은 시야를 가로질러 동에서 서로 흘러가게 될 것이다.

GEM에 설치된 망원경의 경우, 직각 대각선의 위치는 극축이나 또는 적위축에 조정되어 있어야 한다. 막스토브 경우와 마찬가지로, 동-서 방향은 추정장치를 끄고 아이피스의 시야를 가로질러가는 이미지의 흐름을 관측함으로 결정되어 질 수 있다.

관측의 시작과 끝점에서의 UT를 정확하게 기록해보자. 가능하면 정확하게, 각 그룹이나 또는 개별 흑점의 위지와 보습을 그려보사. 흑점의 개수를 세어보고 그룹의 개수를 세어본다. 그림 6.2를 기준으로 하여 각 흑점군의 형태를 결정해보고, 각 형태의 개수를 세어본다. 이는 태양의 사진관측을 하기 전에 행해져야 한다. 기록된 상대적인 태양 흑점 수는 국제 데이터베이스에 포함되어지기 위해서 보고되어져야 한다.

매일의 상대적인 흑점수의 관측들은 Sky and Telescope와 Astronomy Now와 같은 잡지에 수록된 흑점수와 비교하면서 점검되어질 수 있다. 여러분의 노력에 대한 신빙성에 확신이 간다면, 이제 AAVSO, ALPO, RASC 또는 BAA의 태양관측부에 가입하여 여러분의 관측을 보고하는 것을 고려해보자. 여러분의 자료는 이제 태양활동을 측정하는 국제적인 데이터베이스의 일부가 되게 될 것이다.

6.5 태양의 디지털 사진관측

구경크기의 필터를 이용하여 태양의 디지털 사진관측을 할 수 있다.

> • 주의
> 태양 필터가 망원경의 대물렌즈에 안전하고 확실하게 설치되었는지 확인하라. 안시관측을 할 때 사용되었던 것과 똑같은 필터를 사용하라. 파인더의 대물렌즈를 덮어라.

사진기의 시야가 정확하게 남-북 방향으로 정렬되었는지 확인한다. 이것을 검토하기 위해, 카메라가 회전하는 동안 태양의 가장자리가 사진기의 스크린과 평행하게 움직일 때까지 망원경을 적위 축에서 움직여 보라. 정확한 정열은 흑점의 태양위도와 경도를 결정하는데 필수적이다.

망원경이 정확하게 초점이 맞춰져있다면, 높은 해상도로 초점 맞추기 기능을 잠그고 아이피스를 빼내보자. 사진기를 높은 해상도로 선명한 이미지가 보일 수 있도록 조정한다. 셔터를 원격이나 셀프타이머로 설정해보자. 사진기를 무한대에 초점을 맞춘다. 80mm 굴절망원경 또는 90mm 막스토브 망원경의 경우, 사진기를 수동조정으로 설정하고 노출시간을 ISO 100에서 1/1500초로 설정해본다. 더 큰 망원경의 경우, 1/1000초보다 짧은 노출시간을 사용해야 할 것이다.

아이피스를 망원경의 뒤에 설치된 카메라와 함께 장착해보자. 태양의 초점이 맞추어진 이미지가 이제 카메라 스크린에 나타나야 한다. 시스템이 휘어지는 현상 때문에, 망원경을 이미지의 중심에서 약간 이동해야 할 수도 있다. 사진기의 줌 제어를 이용하면 이미지의 크기를 스크린에 꽉 찰 때까지 조정할 수 있다. 좋은 사진을 얻기 위해 적어도 10장의 사진을 찍어보자.

6.6 사진의 처리

태양의 극축은 지구궤도면에 약 7.15° 기울어져 있다. 결과적으로, 그 축은 지구 쪽으로 기울어져 있는데, 태양에 대해 수직이며, 지구가 태양주위를 돌면서 생긴 각도만큼 태양 바깥쪽으로 기울어져 있다. 이와 더불어, 지구의 적도면은 공전궤도면에 대해 23.5° 기울어져 있다. 이런 기울어짐의 조합된 결과는 년 중 변화하는 2개의 각에 의해 기술된다. 태양 축이 우리의 시선과 같은 방향 또는 다른 방향으로 기울어짐은 각 B_o에 의해 기술된다. 태양 축이 우리의 바깥쪽을 향하고 있을 때, B_o는 양의 값을 지닌다. 태양 축이 우리 쪽을 향할 때 B_o는 음의 값을 지닌다. 태양의 극축이 망원경의 남-북 방향과 만드는 각도는 P로 표시된다. 이 각은 태양극축이 남-북방향의 동쪽을 향하고 있을 때 양수가 되고, 서쪽을 향할 때 음수가 된다. 년 중 서로 다른 시간에 대해 태양의 자전축의 방향이 그림 6.4에 제시되었다. 여러분의 망원경 아이피스에서 태양의 방향을 결정하는데 있어 참고로 사용해 보자.

6.7 스토니허스트 원반

스토니허스트 원반들은 흑점의 태양 위 위도와 경도를 결정하는데 사용하는 격자들이다. 이 격자에는 0°에서 7°까지 1° 간격으로 B_o의 양의 값과 음의 값이 표시되었다. 스캔되어 CD에 저장될 수 있는 이 스토니허스트 격자세트가 그림 6.5에서 그림 6.13에 제시되었다. 이들은 또한 ALPO나 RASC 웹사이트, RASC에서 출판한 관측자 핸드북 또는 다양한 천문력 등에서 얻어질 수 있다.

원반의 중심 자오선의 값은 사진을 찍은 UT에 대한 태양 경도이다. 이 값은 L_o라 부른다. B_o값, 임의의 UT에 대한 P와 L_o값들은 Guide8.0과 RASC 관측자 핸드북에서 얻어질 수 있다.

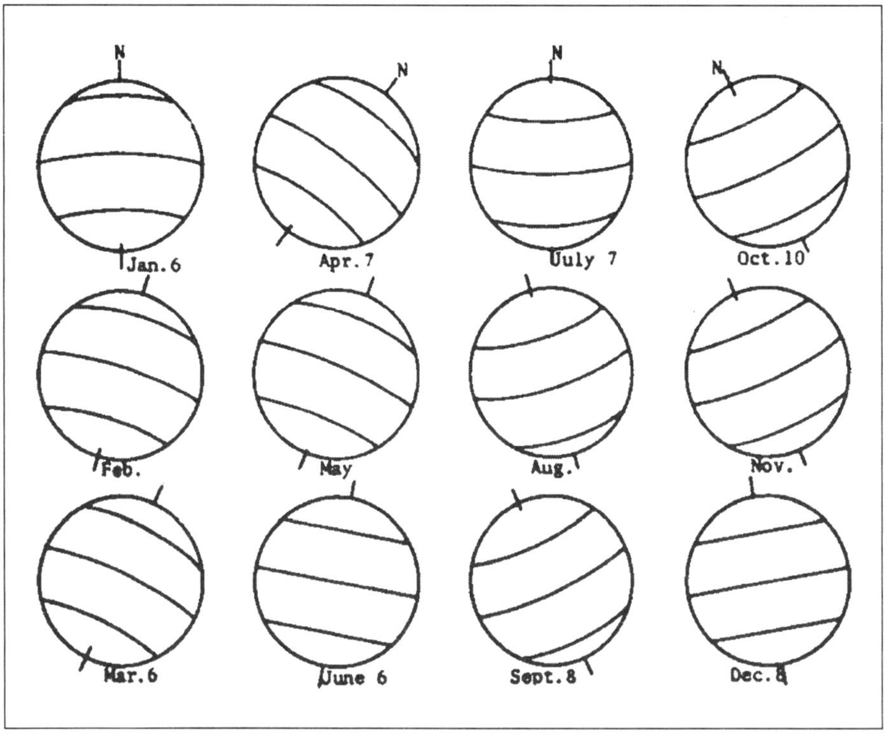

** 그림 6.4 **태양 축의 월별 방향**

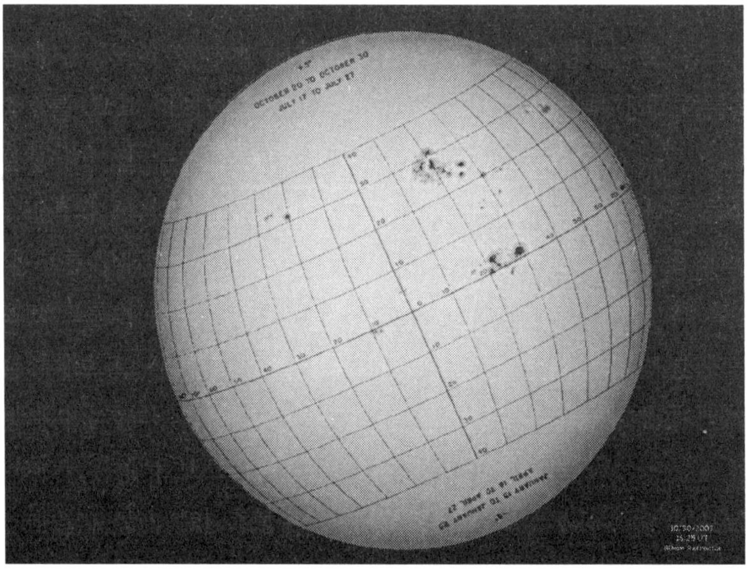

** 그림 6.5 **태양이미지에 중첩된 스토니허스트 원반**

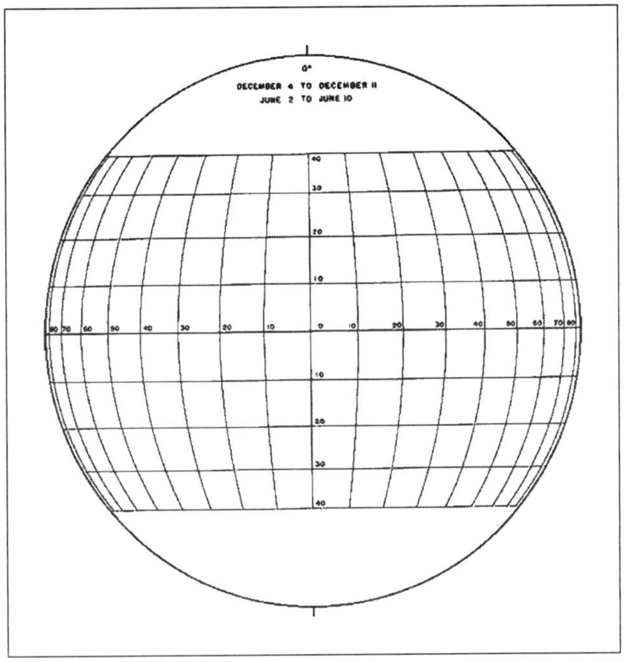

** 그림 6.6 $B_o = 0^\circ$ 에 대한 스토니허스트 원반

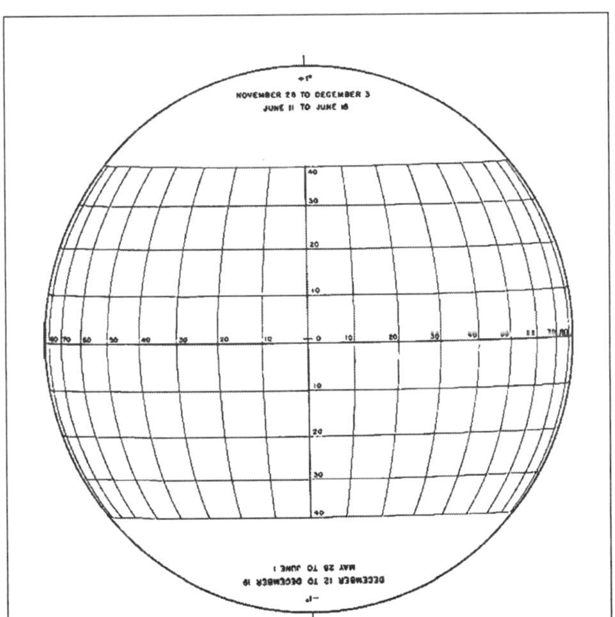

** 그림 6.7 $B_o = 1^\circ$ 에 대한 스토니허스트 원반

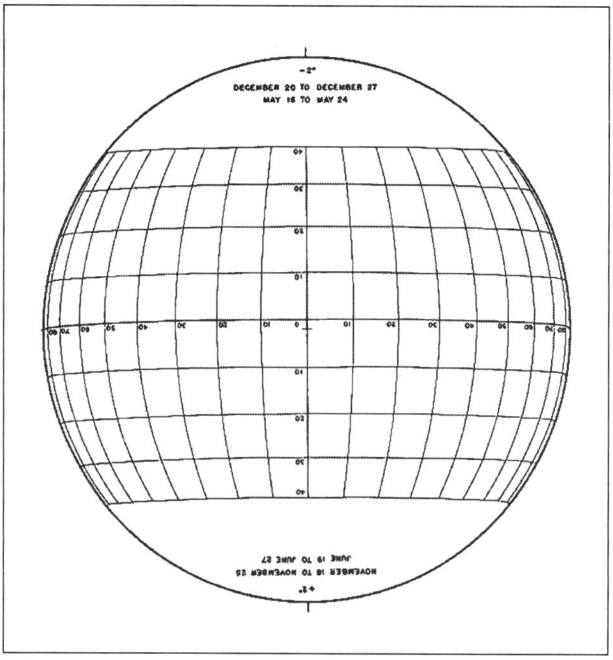

** 그림 6.8 $B_o = 2^\circ$ 에 대한 스토니허스트 원반

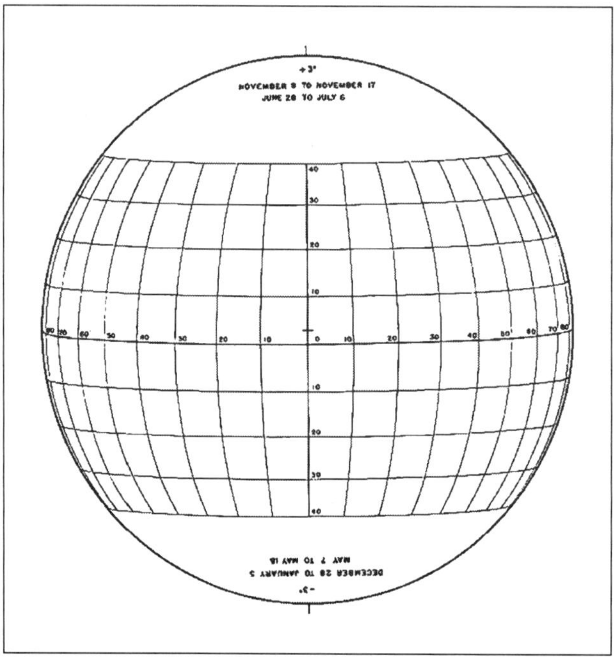

** 그림 6.9 $B_o = 3^\circ$ 에 대한 스토니허스트 원반

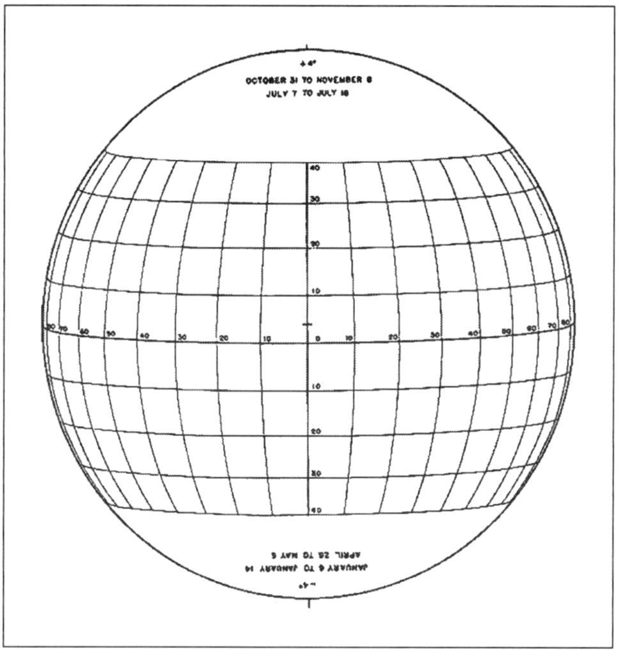

** 그림 6.10 $B_o = 4^\circ$ 에 대한 스토니허스트 원반

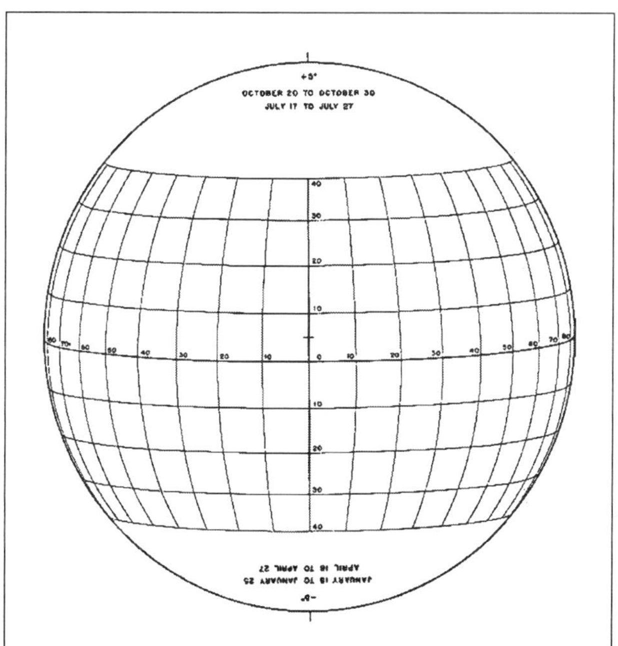

** 그림 6.11 $B_o = 5^\circ$ 에 대한 스토니허스트 원반

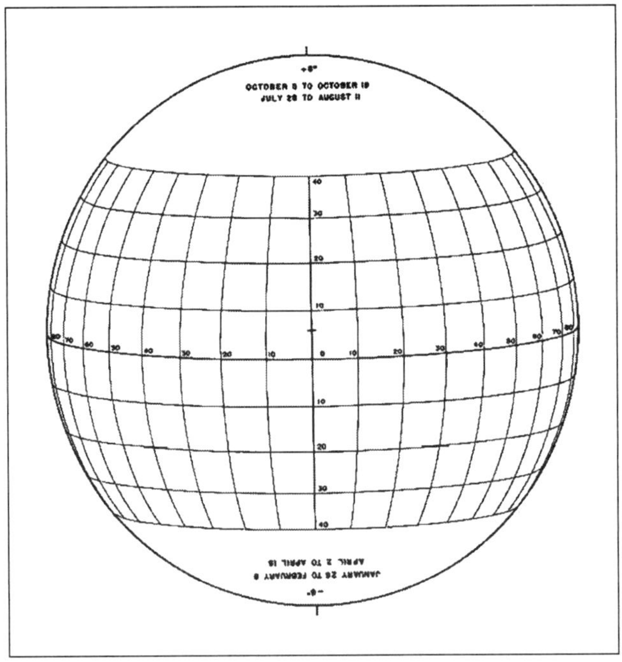

** 그림 6.12 $B_o = 6°$에 대한 스토니허스트 원반

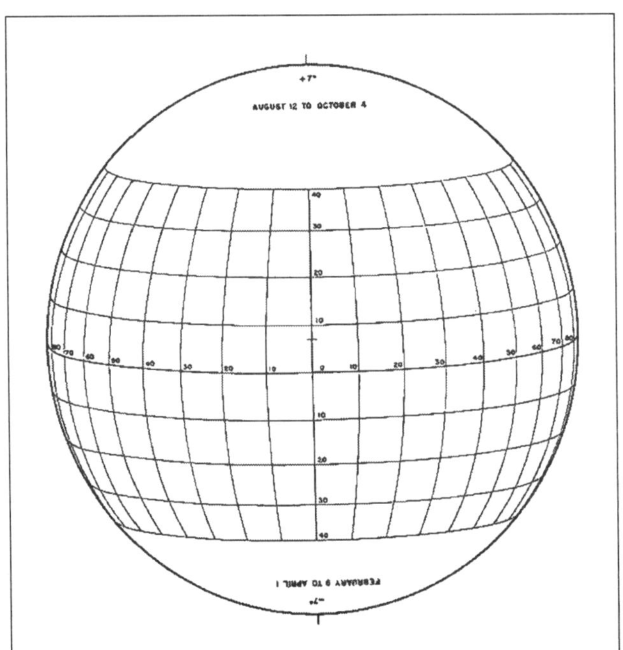

** 그림 6.13 $B_o = 7°$에 대한 스토니허스트 원반

이미지를 다운로드 받았으면 가능한 자세한 부분까지 볼 수 있도록 선명하게 하고 색 대비를 증가시키는 영상처리 프로그램을 사용해보자. 분석하기에 가장 좋은 이미지를 하나 고르고 관측 일에 맞는 B_o값을 지닌 스토니허스트 원반을 다운받는다. 스토니허스트 격자를 겹치기 하기 전에 태양의 이미지를 프린트하고 저장한다. 그렇지 않으면 나중에 원래 이미지를 복원할 수 없을지도 모른다.

다시 태양의 사진을 불러온다. 스토니허스트 원반을 태양의 이미지에 겹쳐본다. 소프트웨어의 [Effects]메뉴를 이용하여 스토니허스트 이미지에 대한 작업을 하는데, 태양 이미지의 세부적인 부분과 격자선 모두가 분명히 보일 때까지 격자 이미지를 투명하게 만든다. 그러고 나서 [Even Fade]버튼을 이용하여 태양이미지에 격자의 중심을 맞춘다. 이제 격자를 수평과 수직으로 펼쳐서 정확하게 태양원반과 일치하도록 한다.

[Rotation]메뉴로 가서 오른쪽 위 구석에 있는 [Object]를 클릭하라. 그리고 [Custom Rotation]을 클릭해보자. 격자는 이제 P의 각만큼 회전해볼 수 있다. 음수의 P에 대해서는 격자를 시계방향으로 회전시킨다. Picture IT! 소프트웨어 스크린에 표시되는 각도는 시계방향 회전할 때 증가한다. P의 양의(반 시계방향의) 값에 대해서는 (360°-표시된 값)이 취해진다. 결과는 그림 6.5와 닮은 이미지가 되어야 한다. 흑점의 태양경도는 $L_o + L$로 주어지고, 위도는 직접 읽어질 수 있다. 조심스럽게, 1도의 정확도로 값들이 얻어질 수 있다.

영구적이고 값진 사진관측기록을 위해 처리된 이미지를 컴퓨터에 저장한다.

6.8 태양 자전의 측정

태양은 고체처럼 자전하지 않는다. 태양의 적도에서 자전을 한번 하는 데는 27일이 걸리는 반면, 태양위도가 북쪽과 남쪽으로 더 커지는 영역에서는 30일이 넘게 걸린다. 자전율은 태양주기에 따라 달라지는데, 태양활동 극대기에 약간 빨라진다.

태양의 차등자전은 서로 다른 태양위도에서 태양흑점이 경도 상에서 움직이는 시간을 측정함으로 관측되어 질 수 있다. 이는 태양의 연속적인 이미지에 대해 스토니허스트 격자를 가지고 측정되어 질 수 있다.

6.9 태양의 필름 사진관측

ISO 100이나 그 이하의 흑백필름 또는 칼라필름이 태양의 사진관측에 이용되어 질 수 있다. 디지털 사진기에 사용된 무초점 방법이 또한 필름 사진기를 사용하는데도 최선의 방법이다. 50mm 사진기 렌즈와 25mm 아이피스를 장착한 f/14 90mm 막스토브 망원경은 22mm 직경의 태양이미지를 제공해준다. 20mm 아이피스를 사용하는 f/11 80mm 굴절망원경으로 찍어보면 직경 20mm의 태양이미지가 얻어진다. 이들 이미지 크기는 35mm 필름틀(24mm x 35mm)의 24mm 너비를 거의 꽉 채우게 된다. 아이피스에 35mm 사진기를 직접 부착하는 어뎁터가 Scopetronics에서 판매된다. 이런 어뎁터들은 전형적인 50mm 사진기 렌즈의 필터 나삿니(대게 49mm)에 딱 맞아서 직접 아이피스에 고정되어질 수 있다.

• 주의
망원경의 초점을 맞추고 사진을 찍기 전에 적당한 태양필터가 망원경의 대물렌즈에 단단하게 설치되었는지 확인하라. 안시관측을 할 때 사용되었던 것과 똑같은 필터를 사용하라. 파인더의 대물렌즈를 덮어라.

필름을 스캔한 후에는 컴퓨터에 저장한다. 이제 디지털 사진관측에 대해 사용된 것과 똑같이 이미지를 분석할 수 있다.

제7장

달

폴란드 천문학자 헤벨리우스가 17세기에 최초의 자세한 달 지도를 만든 후부터, 달은 모든 크기의 망원경으로 검토되고 스케치되고 또 사진관측이 되어왔다. 그래서 많은 연구가 이루어졌다. 이런 이유로 진지한 관측을 위한 천체로서 달에 대한 관심이 줄어든 것 같다. 현재는 상당히 작은 수의 관측자들이 다양한 광경들을 비롯하여 소형망원경으로 볼 수 있는 아직도 변화하는 세부적인 부분들을 면밀히 조사하는데 시간을 투자하고 있지만, 저자에게는, 상현까지의 달을 100x의 배율로 볼 때 망원경의 아이피스를 꽉 채우는 달 표면의 모습만큼 경이적인 광경은 없다고 여겨진다. 산맥들, 계곡들, 작은 계곡들, 단층들, 분화구들과 평지들이 아주 분명하게 나타나서 여러분들이 어느 부분을 방문해서 탐험하길 원하는지 고를 수 있게 된다.

7.1 안시관측

망원경을 사용할 때 참고하기 위해 판자로 만든 달의 지도가 유용하다. 직경 10인치인 달 원반이 그려진 저렴하고 훌륭한 지도가 Sky Publishing Corp에서 출판되었다.

낮은 배율에서 이미지의 밝기를 감소시키기 위해, 중성 밀도 필터가 좋지만 약한 녹색 또는 약한 파랑색 필터도 괜찮다. 고배율에서는 필터가 필요하지 않다. 달의 전체 이미지가 시야로 들어오는지 아이피스로 확인해보는 것부터 시작한다.

저배율로 달을 한번 살펴본 후에, 고 배율로 탐험해 볼 지역을 택해본다. 아직 선명하고 잘 보이는 영역에 가장 높은 배율을 이용해 본다. 과대하게 높은 배율을 사용하면 오히려 무의미해진다.

달을 관측할 때마다 매번 다른 모습을 보게 된다. 달뜬 하늘에서 태양이 항상 다른 위치에 놓이기 때문에, 이전에 보았던 것과 다른 특징을 보여주게 된다. 어떤 특정 분화구가 밤새 관측이 될 때라도 그 그림자의 모습과 길이는 변한다. 이전에 간신히 보였던 작은 분화구들을 분화구 바닥에서 잘 볼 수도 있다. 이런 현상은 달의 명암경계선 근처에 있는 물체들에 있어서 특히 잘 경험되어진다.

한 물체에서 다른 천체로 빨리 지나가는 것보다는 명암경계선 근처에 있는 한 두 개의 특징을 선택해서 그들이 어떻게 변하는지를 살펴보라. 그 모습을 그려보거나 또는 적어도 특징들을 서술해보자.

달을 관측할 때, 분화구에 관계되어 첫 번째 떠오르는 질문은 크기에 관한 것이다. 분화구들이 얼마나 클까? 얼마나 깊을까? 그들의 산맥은 얼마나 높을까? 물론 그 답은 달 지도에 나와 있지만, 여러분 스스로 측정해보는 것은 아주 흥미롭다. 디지털 사진기로 찍은 이미지에서 달의 명암경계선 근처에 있을 때의 그림자의 길이를 측정해서 그 크기들이 결정되어 질 수 있다.

7.2 달의 디지털 사진관측

망원경을 적당한 아이피스로 초점을 맞추고 초점조절장치를 잠궈본다. 아이피스를 빼내고, 그 자리에 사진기를 장착하면서 초점이 흐트러지지 않게 조심한다. 아이피스와 사진기의 줌을 연계해서 실험해보면 원하는 결과를 얻어낼 수 있다.

사진기의 플래쉬 모드를 취소했는지 확인한다. 사진기를 무한대 초점으로 맞추고, 셔터를 ISO 100과 원격조정 또는 셀프 타이머로 설정한다. 달은 회색의 단순한 그림자로 보일 지라도, 사진기를 흑백모드로 설정하지 마라. 세부적인 점을 약간 잃어버릴 수는 있지만 나중에 이미지를 컴퓨터에서 처리할 때 흑백이미지로 변환할 수 있다. 낮은 배율로 달 사진을 찍기 위해서는, 위상에 따라 다르겠지만, 셔터속도를 1초당 1/80에서 1/50로 설정해보자. 그리고 나서 배율을 높여가며 여러 장의 사진을 찍어본다. 가장 높은 배율에서, 80mm 굴절망원경에 대해 셔터속도는 1/2초정도 될 수 있다. 명암 경계선을 따라 여러 영역들을 겹쳐서 고배율로 사진을 찍어보자. 훌륭한 사진을 얻어내는 과정에 익숙해질 때까지는 약간의 실습과 인내가 필요하지만 이는 가치있는 노력이 될 것이 분명하다.

7.3 사진의 분석

사진들을 다운로드한 후에는 가장 최선의 저배율 사진과 고배율사진을 선택해보자. 이 사진들을 선명하게 하고 밝기와 색대비를 조절하여 달이 망원경에서 눈으로 보는 것처럼 보이게 해보자. 각각 최상의 이미지를 전면으로 인쇄한다.

달 전체를 보여주는 인쇄된 이미지를 몇몇 큰 분화구의 직경을 측정하는데 사용해보자. 이 값들을 고배율 인쇄 이미지를 보정하여서 그림자의 크기를 측정하는데 사용할 수 있다.

다음과 같은 과정을 따라 해보자. 달의 직경을 측정하기위해 저배율 인쇄이미지에 눈금자를 이용해서 음영경계선 근처에서 뚜렷하게 보이는 몇몇 큰 분화구의 직경을 재보는데, 분화구가 크면 클수록 측정오차는 작아진다. 달의 직경은 3476km이다. 인쇄이미지에서 달의 직경이 D mm이고 분화구의 직경은 Xmm라 하자. 그러면 분화구의 직경은

$$d = 3476(X/D)\,\text{km}$$

이다. 그림 7.1과 그림 7.2는 f/11 80mm 굴절망원경에서 5M픽셀 사진기를 이용하여 얻어진 저배율과 고배율 달사진의 예를 보여준다. 그림 7.1은 60°의 겉보기 시야를 지닌 20mm 아이피스로 1/50초의 노출을 한 사진이다. 그림 7.2에 대해, 사진기는 66°의 겉보기 시야를 지닌 9mm 아이피스를 이용하여 최대 줌으로 설정하였다. 이때 노출시간은 1/5초였다.

7.4 월면 지형학

월면 산맥이나 분화구의 높이는 달 표면이나 분화구 바닥에 생긴 그림자의 길이를 측정함으로 얻어질 수 있다. 그림 7.3에서, 거리 L은 지구에서 볼 때 높이 h를 지닌 물체의 그림자 길이라면 다음과 같은 관계가 성립 한다:

$$h = L\sin\theta$$

각도 ϕ는 그림자를 만드는 물체와 음영경계선 사이의 각도이다. 음영 경계선은 햇빛이 비추는 지역과 어두운 지역을 나누어주는 선이다. ϕ가 θ와 같기 때문에 우리는

$$h = L\sin\phi$$

가 된다. 월면 경도는 달의 평균 중심 자오선의 동쪽에서는 0°에서 +90°로 측정되고 또 서쪽에서는 0°에서 -90°로 측정된다. 월면 공통경도는 아침 명암경계선의 월면경도이다. 신월에서 상현까지 가면서, 이 값은 270°에서 360°로 변한다. 상현이 지나고 난 후는 0°에서 90°, 180°를 거쳐 다시 상현일 때 270°로 돌아온다.

월면 공통경도가 S라고 하면, 신월에서 상현까지 명암경계선의 경도는 360°-S가 된다. 상현에서 보름달까지는 명암 경계선의 경도가 공통경도가 된다. 보름달에서 상현까지 명암 경계선은 180°-S에 놓이게 된다. 하현에서 신월까지 명암경계선의 경도는 S-180°가 된다.

★★ 그림 7.1 80mm굴절망원경으로 찍은 달의 저배율 디지털 사진

** 그림 7.2 f/11 80mm굴절망원경으로 찍은 코페르니쿠스 분화구의 디지털 사진

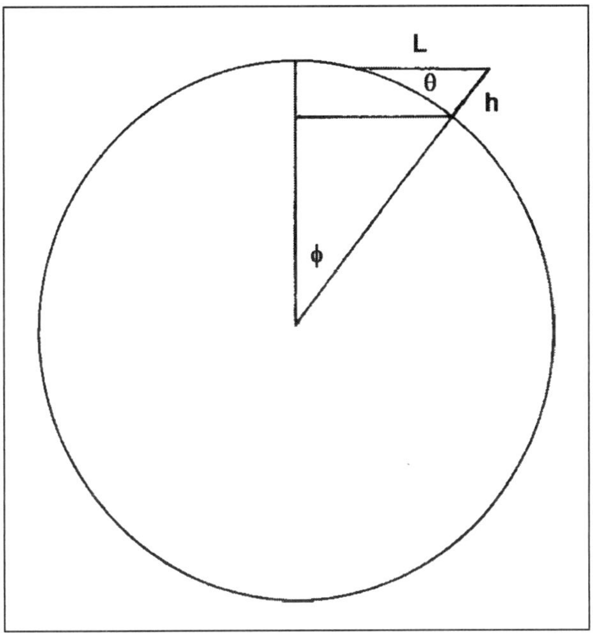

** 그림 7.3 **월면 지형학을 위한 기하학적 관계**

각도 ϕ는 물체의 경도와 명암경계선의 경도차이가 된다. 어떤 날 어느 시각에 대한 월명 공통경도는 Guide 8.0의 월력에서 얻어질 수 있다. 또한 Astronomical Almanac이나 다른 천문력에서도 찾아 볼 수 있다. 이 값으로부터 명암경계선의 경도가 결정될 수 있다. 그림자를 생기게 하는 물체의 경도는 월면지도에서 얻어질 수 있다.

고배율 사진을 이용하여 달 표면의 수직구조를 측정해보자. 이미지를 불러온 다음, 필요한 만큼 선명하게 하고 밝기와 색 대비를 조절해 본다. 인쇄된 이미지의 축척을 결정하기위해 저배율로 이미 측정된 분화구중 하나를 사용한다. km로 표시된 분화구의 직경을 mm로 표시되는 직경으로 나누어주는 것이다. 관심이 있는 물체의 그림자의 길이를 측정하고 이것을 축척을 이용하여 km로 변환한다. 그리고 나서 각 ϕ를 계산한 다음 h를 결정해 본다.

월면 지형학이 가장 잘 측정될 수 있는 곳은 상현과 하현근처에서 달의 적도근처와 중심자오선 부근이다. 아주 많은 흥미로운 표면의 특징이 측정되어진다. 초보자들이라면 우선 달의 알프스와 아페니노 산맥의 높이, 알프스 계곡

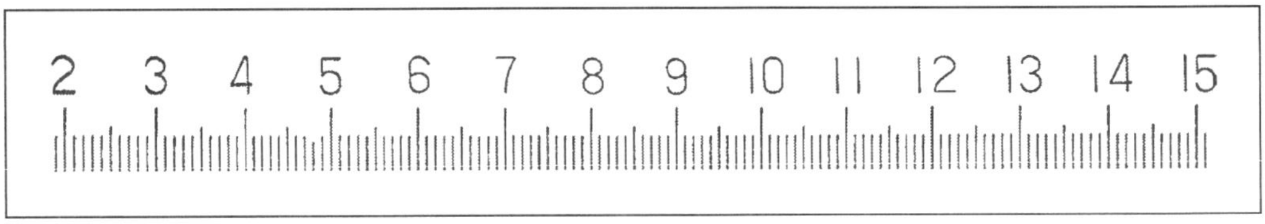

** 그림 7.4 **컴퓨터 모니터에서 이미지를 측정하기 위한 월면 자**

의 너비, 피톤 산의 높이, 테오필루스와 코페르니쿠스 분화구의 직경 그리고 하이지누스 계곡의 너비 등을 측정해보자. 동경 50° 근처의 마레 페쿤디타티스 근처에 위치한 메시아 A와 B 분화구들을, 그들로부터 서쪽으로 흘러가고 있는 줄기들과 함께, 단일 과제로 수행하여 보길 추천한다. 이들사이의 거리를 측정하는 것은 이 질문의 답을 제공해줄 것이다. 인쇄된 이미지에서 가장 작지만 분명하게 인지되는 특징들의 너비를 측정해 보자.

7.5 컴퓨터 모니터에서 측정

인쇄된 이미지에서 측정하는 것에 대한 대안으로는 월면 눈금자를 스캔해서 사용하는 것이다(그림 7.4). 우선 측정하고 싶은 이미지를 열어놓은 다음, 월면 눈금자를 불러와서 이미지에 겹치기를 해본다. 월면 눈금자를 투명하게 하여 이것을 측정하고자 하는 이미지의 한 부분으로 이동시킨 후 적당한 크기로 펼치거나 줄여본다. 관심이 있는 영역을 줌인하면 월면 눈금자도 같은 비율도 커지게 될 것이다. 결과적으로, 월면 눈금자의 보정은 변하지 않게 된다.

월면 눈금자의 축척을 계산하기 위해 직경이 알려진 월면의 분화구를 측정해본다. 그 후에 월면 눈금자를 원하는 데로 이동시키고 회전하여서 다른 그림자나 물체들을 측정해볼 수 있다. 이런 방법에서는, 인쇄된 이미지를 잘라서 달의 일부분을 확대시킬 필요는 없다. 월면 눈금자는 달 주위로 움직여질 수 있고 관심있는 어떤 물체로 줌인해 볼 수 있다. 그림 7.5에서, 월면 눈금자는 코페르니쿠스 분화구에 중첩되어 있다.

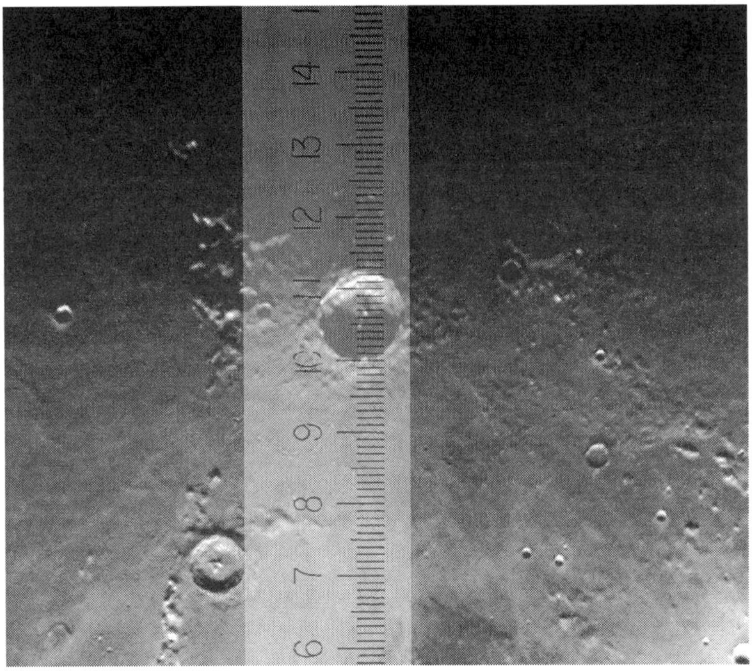

** 그림 7.5 **코페르니쿠스 분화구에 겹쳐진 월면 자**

7.6 달 칭동의 측정

달은 거의 타원궤도운동을 하기 때문에, 그 궤도속도는 변하는 반면, 그 자전율은 일정하다. 그래서 우리는 한 경도에서 50%보다 더 많은 면을 볼 수 있다. 이를 경도에서의 칭동이라 부른다. 위도에서의 칭동은 달이 궤도면에서 약 6.7° 가량 기울어져 있기 때문에 야기된다. 경도칭동과 위도칭동이 종합된 효과로서 전체 달 표면의 59%정도를 볼 수 있게 된다.

달에서의 경도는 중심자오선으로부터 동쪽 또는 서쪽으로 측정된다. 동경은 0°에서 90°까지 양수로 측정되고, 서경은 0°에서 −90°까지 음수로 측정된다. 위도는 월면 적도에서부터 측정되는데, 북쪽으로는 양수로 남쪽으로는 음수로 측정된다.

달 칭동은 그림 7.6에 있는 달 좌표 격자를 이용해서 측정된다. 측정과정은 월면 눈금자를 사용하는 방법과 똑같다. 격자를 스캔해서 다운로드를 받은 후,

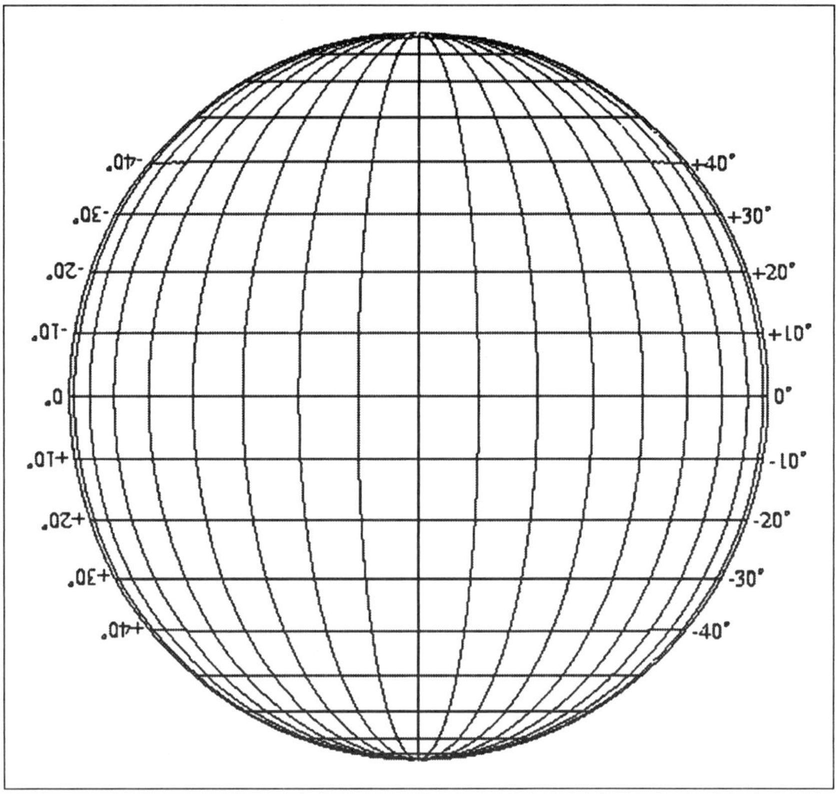

** 그림 7.6 **달 칭동을 측정하기 위한 좌표격자**

이 격자를 달의 이미지에 겹쳐놓는다. 이 격자를 투명하도록 희미하게 하고 난 다음 수평과 수직으로 늘려서 달의 이미지에 맞도록 한다. 달의 이미지는 대개 일부만 보일 것이다. 격자를 달의 이미지에 맞는 원으로 펼치기 위해서는, 격자를 90° 회전을 4번하면서 이동시키면서 매번 다시 맞추는 작업을 해본다. 명암경계선이 격자의 경도선과 평행하게 되도록 격자의 회전을 조정한다.

분화구의 동서변화와 남북의 변화가 측정될 때 격자는 고정된 기준 좌표계이다. 달의 사진을 가능한 자주 찍어보자. 상현이 지나고 난 직후나 하현 바로 전이 달 사진을 찍기에 아주 좋은 때이다. 각 사진에 대해, 중심근처와 가장자리를 따라 존재하는 몇몇 분화구들의 위도와 경도를 측정해 본다. 수 개월에 걸쳐 측정을 해보면 지구-달의 중력상호작용에 대한 포착하기 힘든 역학을 알아 볼 수 있게 될 것이다.

7.7 달의 필름 사진관측

필름 사진관측을 위해서는 무초점 방법을 사용하고 디지털 사진기에 대해 서술된 바와 같은 과정을 수행해본다. ISO100 미립자 필름은 선명한 이미지를 제공할 것이다. ISO 100에 대해 상현에서 노출시간은 80mm 굴절망원경의 경우 1/25 초정도 되어야 한다. 고 배율에서 노출시간은 1/2초정도 필요하다. 각 위상에 따라 다양한 노출시간을 주어 몇 장의 사진을 찍어보는데, 이때 하늘 조건 뿐 만 아니라 각 달 위상에서 최적 노출시간의 기록을 빼놓지 않는다. 이는 다음 시도할 때 시간과 필름을 절약하게 해준다. 인화된 필름은 스캔되어져서 이전에 서술된 방법을 이용하여 컴퓨터에서 분석되어 질 수 있다.

7.8 달의 엄폐

달이 항성들을 배경으로 동쪽으로 하루에 13° 이동하면서 작은 망원경에 보이는 배경 항성들을 자주 가리게 된다. 이런 엄폐의 시각은 지구-달 시스템의 조석력 변화를 추적하는 방법을 제공해 준다. 시스템에서의 조석 마찰과 각운동량 보존이 연합하여 달을 천천히 느려지게 하고 지구의 자전속도를 점차적으로 감소되게 한다. 여기에, 다체 시스템의 다른 행성들로부터의 섭동에 의해 야기되는 장주기 효과가 지구궤도와 달 궤도 모두에서 약간의 변화를 초래할 수 있다. 이런 변화들이 아주 미미하다 할지라도, 이들을 장기간 관측해보면 중력상호작용에 대한 이론의 복잡성의 일부를 증명해 줄 수도 있다.

소형 망원경으로 관측하기 제일 쉬운 엄폐는 달의 어두운 가장자리 뒤로 없어지는 현상이다. 항성이 충분히 밝다고 하면, 보름달의 밝은 가장자리에 의한 엄폐의 관측도 소형망원경으로 관측가능 하다. 엄폐가 일어나는 시간을 정확하게 기입하기 위해서는 정확한 시보체계가 필요하다. 이런 시보는 다양한 단파방송에서 얻어질 수 있는데, 미국의 WWV(2.5, 5. 10. 15와 20MHz), 캐나다의 OHU(3.330, 7.335와 14.670 MHz)가 그 예들 중 하나이다*. 매시간 표준시보를 기준삼아서 스스로 초기화 시키는 시계들은 또 다른 훌륭한 시보원이다. 어떤 사람은 큰 버튼이 달린 좋은 전자 스톱워치가 필요할 수도 있는데, 이것은 대부분의 스포츠 용품점에서 구입가능 하다. 관측을 유용하게 하기 위해서는 관측지점의 위도, 경도 그리고 경도에 대한 정확한 정보가 필요한데, 이 모든 정보는 GPS수신기나 이 지역의 지적도에서 얻어질 수 있다. 마지막으로, 망원경은 극축에 추적 장치가 달려진 적도의식 가대에 설치되어야 한다. 측정과정은 다음과 같다.

엄폐가 시작될 것으로 예상되는 시각의 수 분전에 스톱워치를 시작한다. 저배율 아이피스의 중앙에 달이 오게 하고 엄폐되는 항성을 바라본다. 달이 항성에 접근하면서, 배율을 적당히 높여서 항성과 엄폐가 일어나는 달의 부분이 분명하게 보이도록 한다. 조심스럽고 주의 깊게 관측하지 않으면 금방 엄폐가 사라져 버릴 것이다. 항성이 사라지는 순간 스톱워치를 꺼라. 엄폐가 관측되기 시작한 시각부터 지금까지 걸린 시간을 기록해본다. 엄폐 시간을 얻기 위해 시작 시간에 지속시간을 더해본다. 엄폐시간, 관측자의 위도, 경도 그리고 고도를 기록해본다. 보고서 양식은 국제 엄폐시각 협회(IOTA)에서 얻어질 수 있다.

엄폐 예상은 1년에 한번씩 Sky and Telescope, RASC와 IOTA에서 발간하는 The Observer's Handbook에 게재된다.

엄폐의 관측은 관심있는 이벤트가 일어나기로 되어있는 지역으로 여행을 해야 가능하다. 이런 여행을 시간과 환경이 허락된다면 가치 있고 유익한 활동이 될 수 있다.

---

* 역자주 : 우리나라 천문대의 경우 GPS를 이용한 시각동기화가 사용되고 있으나, 일반 사용자들은 한국표준연구원에서 서비스 중인 인터넷 시각동기 프로그램을 사용하는 것이 무방할 것 같다.

제8장

행성들

19세기 후반과 20세기 전반에 걸쳐 행성들의 표면에 대한 자세한 연구가 세계 각국의 주요 천문대에서 큰 굴절망원경을 이용해 수행되었다. 끝없는 밤 시간을 보내면서 화성, 금성과 목성 표면에 존재하는 확실치 않은 세부적인 것들을 알아내기 위해, 불변의 과정 중 한 순간을 포착하겠다는 희망을 가지고 스케치하고 사진을 찍었던 천문학자들의 낭만시대가 우주시대가 열리면서 끝이 나버렸다. 인간은 달을 걸었고, 인간을 대리하는 기계가 화성을 걸어 다녔고 금성에 착륙한 바 있다. 인간은 로봇을 보내 엄청난 해상도와 정확도를 지닌 목성, 토성, 천왕성, 해왕성과 그 위성들의 사진을 찍었고 그 결과를 분석한 바 있다.

목성과 그 위성들의 장엄함과 토성 및 고리들의 웅장함을 한 번씩 바라보는 것외에 소형망원경을 지닌 사람들에게 어떤 관심이 더 남아있겠는가? 역사를 한번 거슬러 올라가서 이미 발견된 것들을 재발견 해보는 재미를 누려보자.

8.1 행성의 스케치

1950년도 까지만 해도 망원경을 통해 보여지는 행성의 표면을 스케치해보는 것이 행성의 세부적인 사항을 기록하는 최선의 방법으로 간주되었었다. 사진관측으로는 발견할 수 없었던 순간의 세부적인 특징들을 분명하게 나타내주는 좋은 시상들의 순간들이 포착될 수 있었던 것이다. 이 방법은 관측자가 얼마나 정확하고 객관적으로 본 것을 그려낼 수 있는가?하는 능력에 따라 심하게 달라진다. 안티오나디(Antionadi)를 비롯한 많은 사람들이 화성지도를 그렸는데, 이 지도는 주요 반사율 특징을 보이는 부분들에서 우주에서 찍은 최근 지도와 정확하게 비교된다. 반면 로웰(Percival Lowell)은 너무 상상력이 풍부하게 그렸다.

여러분들에게는 스스로 이런 스케치를 한번 해보는 것이 아주 흥미로운 경험이 될 것이다. 사진의 이미지 크기가 눈으로 보이는 자세한 것들을 기록하기에는 너무 작기 때문에, 스케치하는 것이 관측을 기록하는 최선의 방법이 될 수 있다. 어떤 것이 보일 것인가? 라고 생각하는 것이 아니라, 실제 보이는 것을 객관적으로 스케치하려 노력해보자. 이런 과정을 해보는 가장 중요한 이점 중의 하나는 어느 세부적인 한 사실에 집중을 하게 하는 것인데, 이런 과정은 여러분들을 단순하게 한번 보고 넘어가는 사람이 아니라 확신감이 넘치고 정교한 관측자가 되게 한다.

선명하고 높은 색 대비를 보여주는 가능한 높은 배율을 사용해보자. 같은 날 밤에, 더 고배율 관측이 가능하게 될 것이고 그러면 더 세부적인 사항들을 볼 수 있게 될 것이다.

8.2 필터 들

아이피스에 끼워서 사용하는 필터들은, 대부분의 천문장비 공급업체에서 구입 가능한데, 금성, 목성, 토성들의 대기에 대한 자세한 부분을 더 잘 보여줄 것이다. 구름에 덮인 금성은 별로 크게 달라져 보이지 않겠지만, 진한 파랑색 필터로는 명암경계선을 따라 가끔 일어나는 불규칙적인 현상들이 어렴풋하게 나마 약간 어두운 영역으로 보일 수 있다. 목성에 대해서는, 구름 band와 zone의 경계가 연한 파랑색 필터를 사용하면 선명하게 보이고, zone에서의 꽃줄 무늬는 노랑색 필터로 보면 더 잘 보인다. 연한 파랑 필터는 토성의 belt와 zone 사이의 우아한 색대비를 잘 보여 준다.

8.3 행성의 디지털 사진관측

소형망원경으로 행성의 물리적 크기를 측정하는 것은 마이크로메터가 달린 아이피스에서 보다 디지털 사진관측을 이용하면 더 쉽게 수행될 수 있다. 마이크로메터는 아이피스, 다루는 기술과 튼튼하게 고정된 망원경 가대를 필요로 한다. 인쇄된 사진들은 따뜻한 방에서 재미삼아 측정되어 질 수 있다. 목성, 토성, 화성과 금성의 디지털 사진관측이 3M픽셀 또는 그보다 더 좋은 분해능을 지닌 카메라를 80mm 굴절 망원경이나 90mm 막스토브 망원경에 부착하여 이루어졌다. 이들 사진들이 더 큰 망원경을 이용한 사진들보다는 세부적인 사항들을 풍부하게 보여주지 않을지라도, 이런 사진들은 몇몇 흥미로운 자업을 위해 충분한 정보를 제공해 준다. 그림 8.1과 그림 8.2는 90mm 막스토브 망원경으로 찍은 목성과 토성의 사진을 보여준다.

노출시간은 하늘의 조건과 행성들의 밝기에 따라 달라지는데, 금성에 대해 1/25초, 토성에 대해 1/5초정도면 된다. 사진기를 ISO100에 설정하고 가장 높은 분해능으로 설정해보자. 6mm 광시야 아이피스를 사용하여 사진기를 최대 광학줌의 위치에 설치해보면 좋은 결과를 얻어낼 수 있을 것이다. 90mm 막스토브 망원경에는 9mm 광시야 아이피스가 잘 사용된다. 사진기 설치에 대해서

** 그림 8.1 90mm막스토브 망원경으로 찍은 목성의 디지털 사진

** 그림 8.2 90mm막스토브 망원경으로 찍은 토성의 디지털 사진

는 5장의 지침을 따르라. 셔터속도를 다르게 하면서 여러 장의 사진을 찍어보자. 어쩔 수 없이 일어나는 시상변화 때문에 다른 것보다 더 좋은 사진이 몇 장 얻어질 것이다. 컴퓨터에 이 이미지를 다운로드하고 측정에 최적인 이미지를 선택해본다. 안전하게 하고 또 다음에 사용하기 위해 이 사진들을 컴퓨터에 저장해 둔다.

8.4 행성 궤도 위치의 기록

하늘에서 행성의 위치와 그 궤도에서의 행성위치사이의 관계를 결정해보는 것은 아주 흥미로운 작업이다. 이런 작업은 행성의 밝기와 겉보기 직경을 지구에 상대적인 행성의 위치와 연관시키는 작업으로 더 확장되어질 수 있다.

그림 8.3에서 그림 8.6까지에 지구 궤도면에 투영된 관측가능한 각 행성들의 궤도들에 대한 축척을 제시하였다. 각 차트의 바깥에 기재된 눈금은 degree 로 표시된 태양경도인데, 태양경도는 지구궤도면에서 시계반대방향으로 춘분점으로부터 행성까지 측정된 태양 중심 각도이다. 그리스 문자 Ω로 표시된 방향이 승교점의 경도이다. 승교점은 춘분점의 방향과 행성궤도에서 행성이 지구궤도면을 아래에서 위로 지나가는 점사이의 각이다. 궤도에서 춘분점과 근일점사이의 각거리는 ω 표시된다. 궤도챠트는 스캔해서 나중에 사용할 수 있도록 복사해놓으면 좋다.

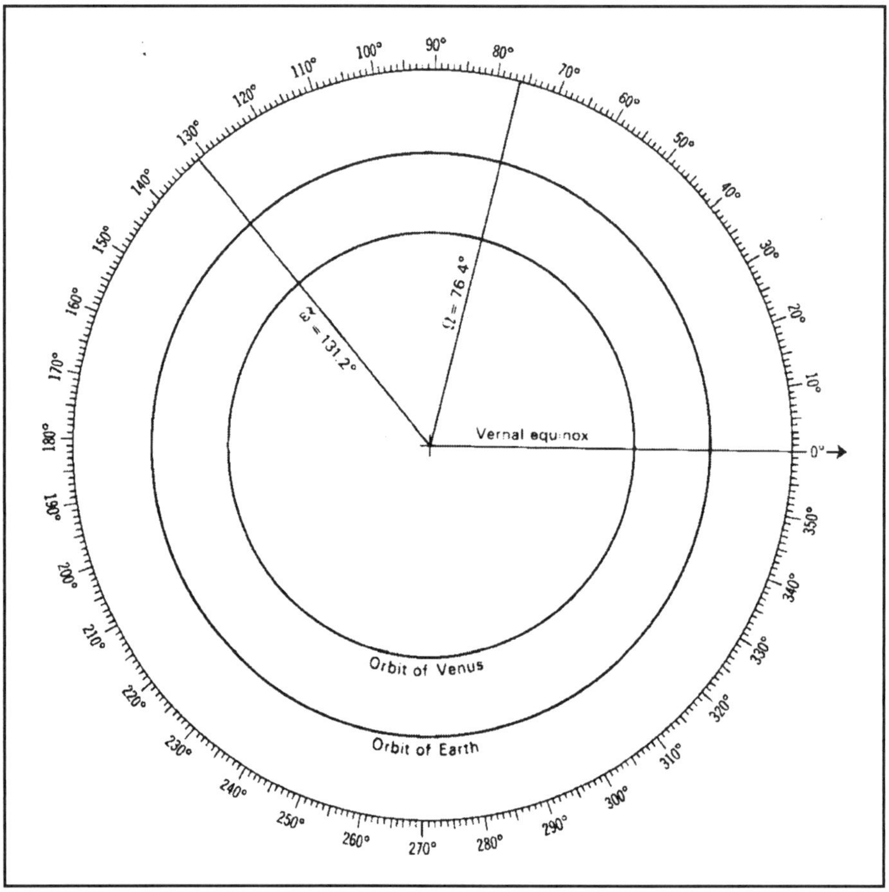

** 그림 8.3 금성의 궤도

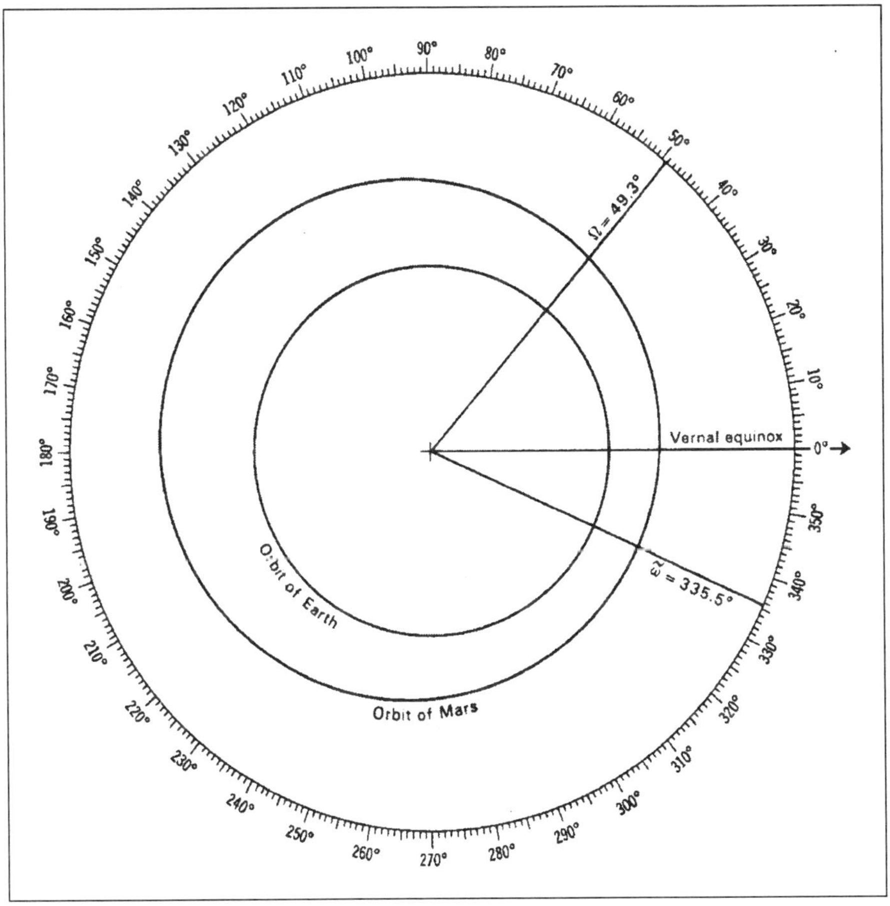

** 그림 8.4 **화성의 궤도**

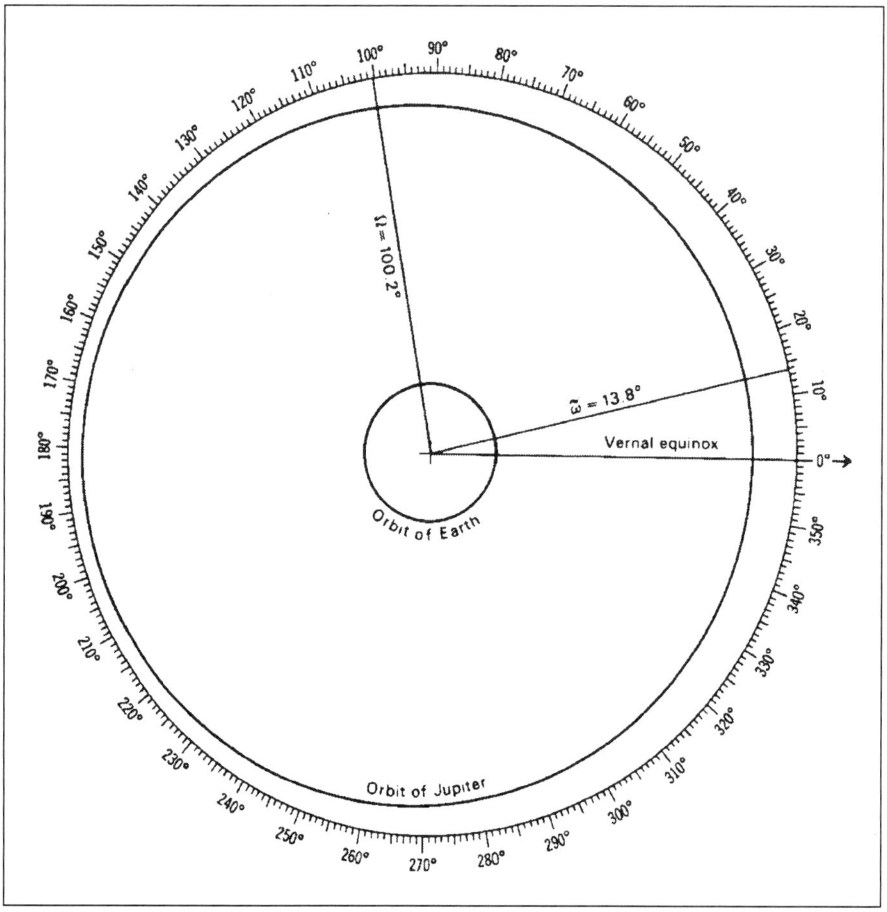

** 그림 8.5 **목성의 궤도**

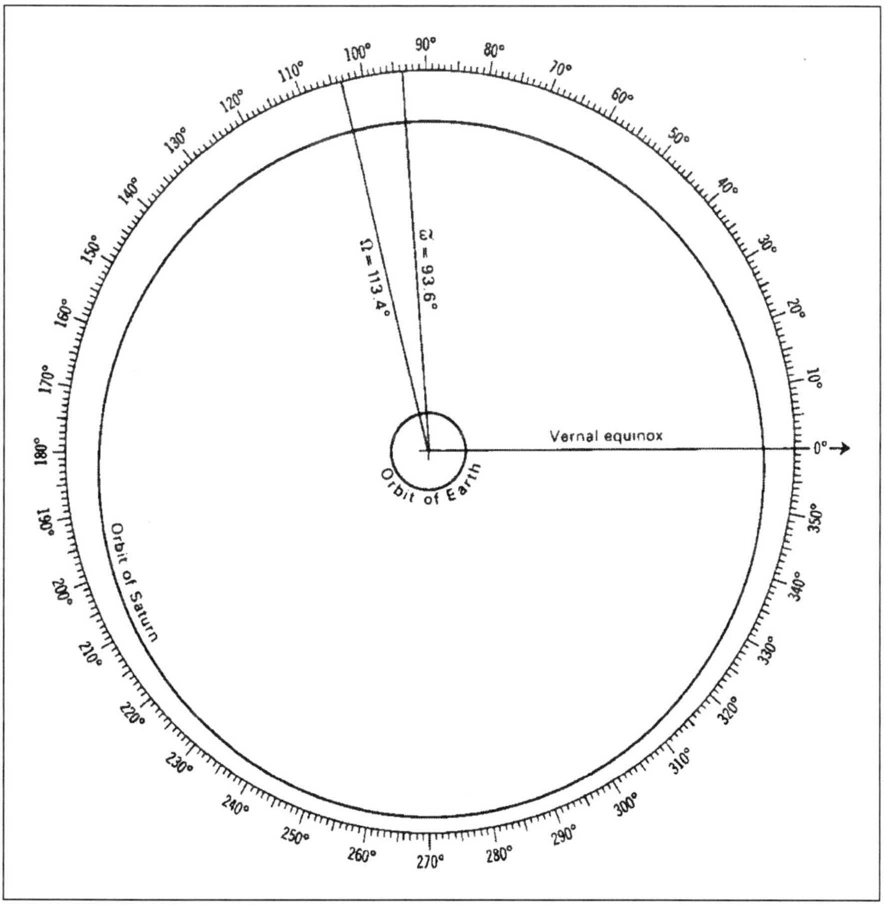
90°
80°
70°
60°
50°
40°
30°
20°
10°
0°
350°
340°
330°
320°
310°
300°
290°
280°
270°
260°
250°
240°
230°
220°
210°
200°
190°
180°
170°
160°
150°
140°
130°
120°
110°
100°
Ω = 113.4°
ϖ = 93.6°
Vernal equinox
Orbit of Earth
Orbit of Saturn

** 그림 8.6 **토성의 궤도**

8.5 황도 좌표계

행성들의 궤도는 지구궤도면과 아주 비슷한 면에 놓여있다. 결과적으로, 때때로 천구의 적도보다는 황도에 대한 그들의 위치를 말하는 것이 편리할 때가 있다.

지구중심 황도경도는 춘분점에서 황도를 따라 동쪽으로 향하는 각도이고, 0°에서 360°로 측정되어 진다. 예를 들어, 태양이 동지점에 있을 때, 태양의 적경은 18hr이고 태양의 황도경도는 270°이다.

황도 위도는 황도와 관측된 천체사이의 각도이다. 황도 위도의 좌표는 황도와 평행하게 이어진다. 황도위도는 degree로 측정되는데, 황도의 북쪽으로 갈 때 양수로, 남쪽으로 갈 때 음수가 된다.

그림 8.7에서 그림 8.10까지에는 황도좌표계와 적도좌표계가 동시에 그려진 차트들이다. 한 행성에 대한 지구중심 황도좌표를 찾아보려면, 적당한 챠트에다 적경과 적위를 표시하고 표시된 점에서 황도에 수직인 선을 그려본다. 이 선이 황도와 만나는 곳이 행성의 황도 경도가 된다. 이 행성의 황도위도는 쉽게 읽혀질 수 있다.

지구의 태양 중심 경도는 태양의 지구중심 경도와는 다른 180°이다. 예를 들어, 태양이 춘분점에 있을 때, 태양의 지구중심 경도는 0°이다. 그 시각에 지구의 태양 중심 경도는 180°이다. 지구궤도에서 지구의 위치를 표시하기 위해, 우선 Guide 8.0이나 다른 태양력에서 태양의 지구중심 경도를 찾아보자. 이 값을 관측된 행성의 궤도 챠트의 주변에 있는 경도눈금에 표시해본다. 이 점으로부터 챠트의 중심에 있는 태양을 통과하여 태양의 바깥에 있는 지구궤도와 만나는 선을 그려본다. 접촉점이 관측일과 관측시간에서 지구의 태양 중심의 위치가 된다.

행성의 궤도위치를 그리기 위해서 여러분들은 우선 적당한 황도좌표 챠트에 행성의 적경과 적위를 그려봄으로서 그 행성의 지구중심 황도좌표를 알아내야 한다. 각도기의 중심에 지구가 오게하고 태양과 춘분점을 잇는 선에 평행하게 0°-180°방향으로 놓이게 한다. 춘분점의 방향에서부터 시계반대방향으로 행성의 지구중심 황경과 같은 각을 측정한다. 지구로부터 그 점까지 선을

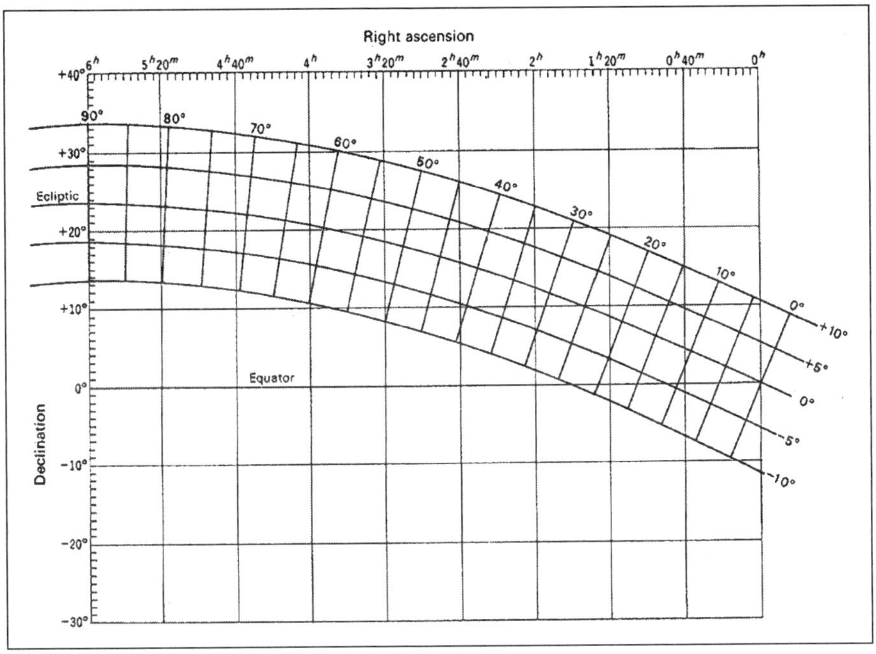

** 그림 8.7 $RA=0^h$에서 6^h까지의 황도좌표

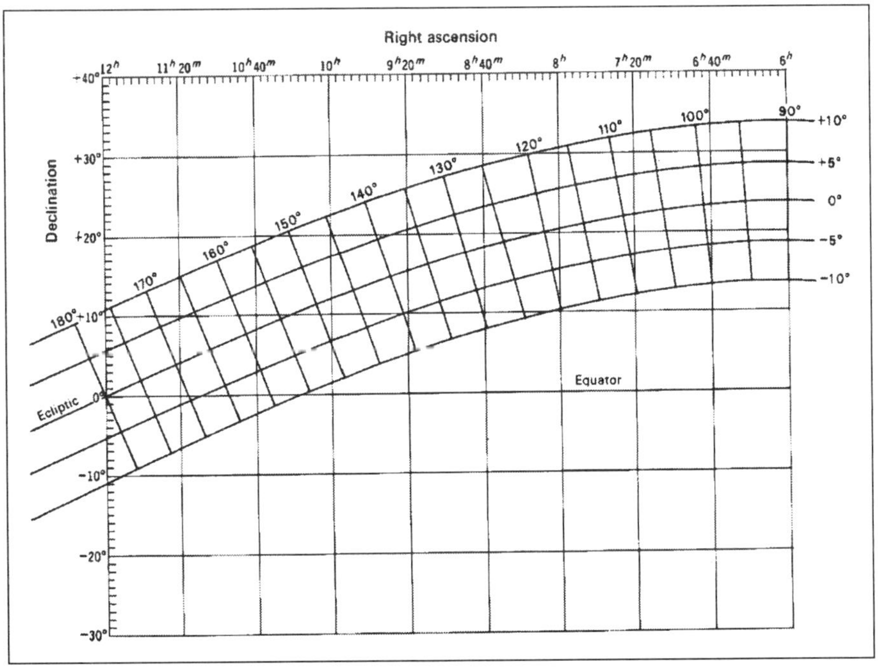

** 그림 8.8 $RA=6^h$에서 12^h까지의 황도좌표

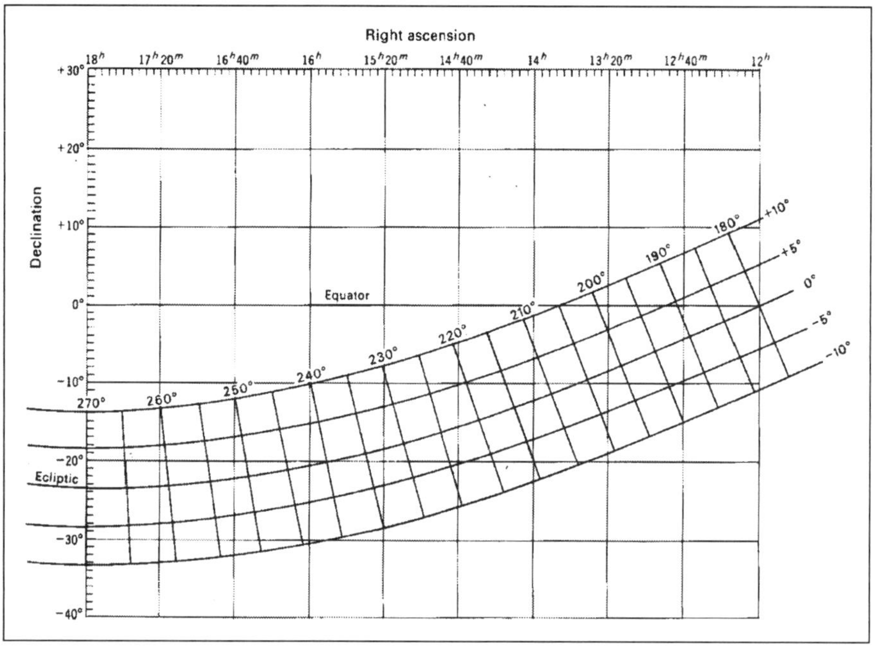

★★ 그림 8.9 $RA=12^h$에서 18^h까지의 황도좌표

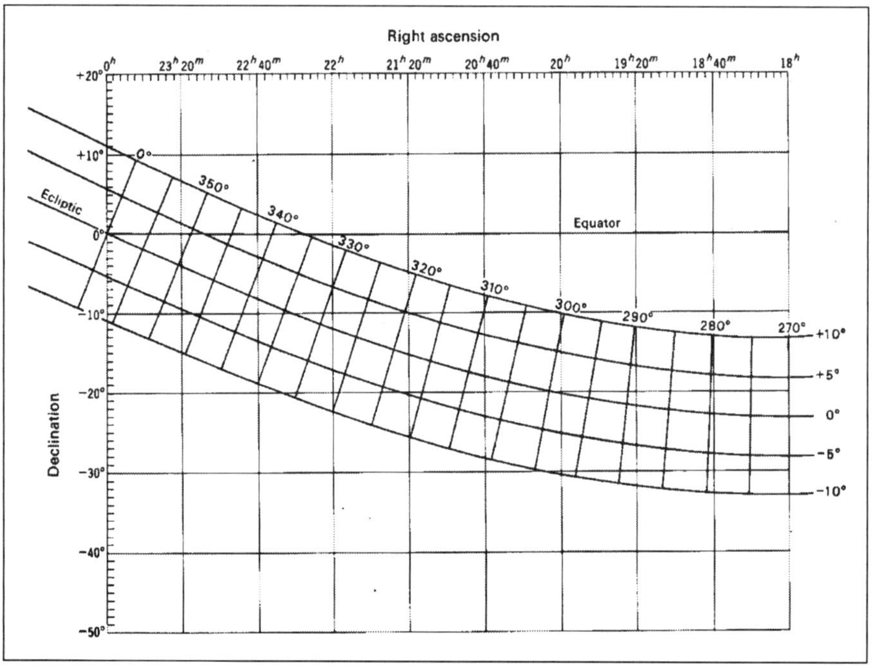

★★ 그림 8.10 $RA=18^h$에서 0^h까지의 황도좌표

그어 본다. 이 선이 행성의 궤도와 만나는 점이 그 날의 대략적인 궤도위치이다. 그림 8.11은 태양의 태양중심 경도가 80°이고 화성의 지구중심 경도가 320°인 날의 궤도위치를 완성한 그림이다.

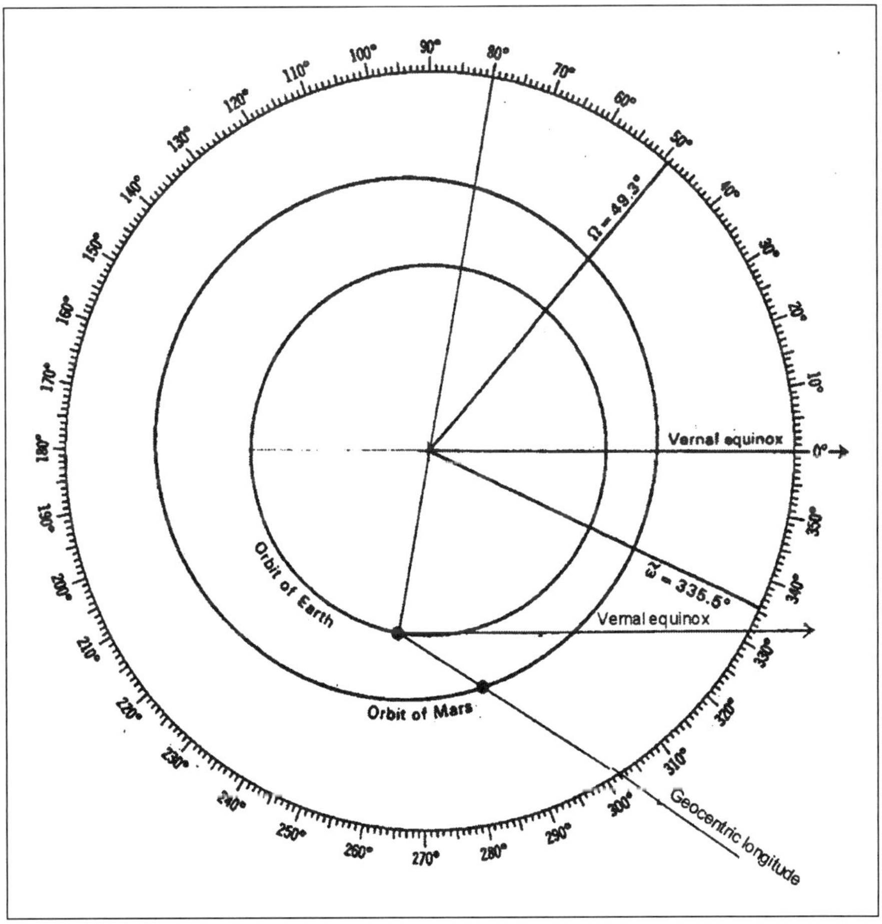

** 그림 8.11 **화성의 궤도위치 그려보기**

8.6 금성의 위상

갈릴레오가 처음으로 발견한 사실 중의 하나는 금성이 달의 위상과 같이 위상변화를 보인다는 것이었다. 금성의 겉보기 직경과 위상이 변한다는 것은 그 행성의 디지털 사진관측한 일련의 이미지들을 측정하면 알 수 있는데, 이 작업은 관측한 날에 대한 궤도의 위치를 기록하는 것과 같다.

금성이 일몰 직후 저녁별로 처음 나타나서, 태양의 동쪽에서 가장 먼 곳에 다다랐다가 다시 황혼 때 사라지기 직전에는 서쪽으로 내려가는 매 2주간의 사진을 모아보자. 가능하면 행성이 아침별로 처음 나타날 때의 사진도 찍어보자. 똑같은 사진기와 아이피스를 사용하고 또 모든 사진에 대해 ISO100에서 1/15정도의 노출시간을 택해서 서로 다른 날 밤에 찍은 사진들이 비교될 수 있도록 해보자. 각 사진들의 관측일과 시간을 기록하고 나중에 자료처리를 위해 컴퓨터에 저장해둔다. 이미지를 재생할 때는 각각의 이미지를 같은 크기로 인쇄한다. 과학교육을 하는 사람들이 알아야 할 것이 있다: 학급에서는 이런 사진들이 아주 유용하게 사용될 것이다.

각 관측 일에 대해 인쇄한 이미지에서 금성의 극 직경을 측정하고 위상을 기록해보자. 이전에 언급했던 방법을 이용해서 각 사진들에 대한 궤도위치를 그려보고 또 각 점에 대해 행성의 겉보기 모습과 궤도위치를 연관시켜 보자.

8.7 화성

화성은 매 2년마다 일어나는 충일 때만 관측될 수 있다. 그 때라 할지라도 소형 망원경 사용자에게는 화성이 근일점이나 그 근처에서 충이 일어나지 않는 한 별 관심을 받지 못한다. 이런 현상은 화성의 근일점 통과가 일어나기 2년 전, 통과가 일어나는 중에 그리고 그 뒤 2년 후에 나타난다. 이들 위치에서, 겉보기 직경이 25" 정도 될 수 있다. 행성의 극 뚜껑과 아주 중요한 반사율 현상들은 그때 소형망원경으로 관측될 수 있다.

화성의 근일점 충과 그 다음 근일점 충 사이의 시간은 17년이다. 가장 최근에 접근했던 충은 2001년, 2003년 그리고 2005년이었다. 다음 근접 충은 2018년 7월과 2020년 10월에 일어난다.

2007년 12월 24일 충이 일어날 때 화성은 15.8"의 겉보기 직경을 보였다. 이는 목성이 충일 때 겉보기 직경의 1/3정도밖에 되지 않는다. 겉보기 직경이 13.9"가 되는 2012년 3월까지 계속 이그러질 것이다. 이와 같은 이유로, 이 책에서는 화성을 소형망원경으로 안시관측을 하는데 흥미롭거나 유익한 천체로 간주하지 않는다.

8.8 화성의 역행운동

항성들을 배경으로 한 행성들의 겉보기 운동은 자세히 살펴보면 아주 복잡하다. 화성, 목성, 토성 같은 외행성이 충위치를 통과할 때 그들은 항성에 대해 그들의 운동방향이 바뀌어 진다. 이들은 보통 매일 조금씩 동쪽으로 향한다. 충의 위치에서, 그들은 서쪽으로 운동하기 시작하고, 한 주기가 끝나면 다시 동쪽운동을 시작한다. 이런 방향의 변화 외에도, 운동궤적의 형태가 충에서 충까지 변화한다. 이런 행성의 역행운동은 지구중심 모델을 개발한 고대 천문학자들을 난감하게 했던 문제였다. 지구가 우주의 중심이라고 가정했을 때 특히 어려워진다. 이 문제를 풀기위해, 프톨레미는 89개의 원과 주전원으로 구성된 우아한 시스템을 고안해냈는데, 이 시스템은 시간이 지나가고 더 나은 관측이 수행되면서 맞지 않다고 밝혀졌다. 결국, 코페르니쿠스가 이 문제를 해결했고 케플러가 잘 다듬게 되었다. 이들은 태양계의 중심에 지구대신 태양을 갖다 놓았다.

지구와 가장 가까운 외행성으로서 화성은 더 멀리 있는 목성과 토성보다 더 분명한 역행운동을 보인다. 화성의 역행운동은 충이 일어나기 전, 충이 일어나는 동안 그리고 충이 일어난 후에 찍은 일련의 디지털 사진들에 의해 관측되어 질 수 있다.

8.9 사진 찍기

무 초점 방법을 이용하기보다는, 사진기를 그림 5.5에 보여진바와 같이 망원경에 평행하게 장착해보자. 그러면 넓은 배경항성들을 포함하게 되어서 그 별들을 배경으로 화성 운동의 궤적을 찍을 수 있을 것이다. 사진기를 조심스럽게 정렬해서 망원경의 길이에 평행하게 맞춰본다. 망원경 아이피스의 중앙에 화성이 오게 하고, 10, 15, 20, 24 그리고 30초의 노출을 준다. 이 사진들을 다운로드 한 후에 나중에 사진찍을 때 가장 좋은 노출시간을 결정한다. 희미한 별들을 기록하는 것이 불필요하기 때문에 10초에서 15초의 노출이면 화성운동 궤적을 추적하기 충분한 항성들이 찍히게 될 것이다.

똑같은 방법으로 항성에 상대적인 화성 궤적이 중요한 부분들을 추적할 수 있을 만큼 충분히 긴 기간 동안 계속 관측한다. 2007년의 충에 대해, 10월 중순에 시작해서 2008년 3월 중순까지 계속 관측해본다. 가능하면, 2주마다 한 장의 사진을 찍는다. 이런 방법으로 여러분은 역행운동 고리의 양쪽 끝을 관측하게 된다. 화성의 적경과 적위 그리고 각 사진관측을 한 날짜와 시간을 기록해 본다.

8.10 결과를 도면에 그려보기

여러분들이 관측한 기간 동안 화성의 운동에 대한 안시관측기록을 남기기 위해서 첫째 날 관측한 이미지의 투명복사*를 하고 나머지 사진들은 종이에 인쇄해놓는다. 투명복사 이미지를 다른 사진들에 교대로 겹쳐보면서 유성 펜으로 화성의 위치를 투명복사용지에 기입해본다. 화성은 동쪽으로 이동했다가 서쪽으로 이동하고 다시 동쪽으로 이동한다는 것에 유의해 보자. 또한 화성의 남북방향도 바뀐다는 것에 유의해 본다.

* 역자주 : 투명복사는 OHP 필름에 이미지를 복사하는 것을 말한다.

이 장의 앞부분에서 설명한 방법대로 지구와 화성의 궤도 위치를 그려보자. 화성궤도 챠트에 이들의 위치를 표시한 후에, 각각의 관측에 대해 화성과 지구의 위치들을 연결하는 선을 그어본다. 이 선을 종이의 끝부분까지 연장해보면, 지구에 있는 관측자에 대한 화성의 시선방향이 얻어진다. 화성까지의 거리에 비해 항성들까지의 거리들은 너무 커서 서로 다른 지구상의 여러 위치에서 이들에 대한 시선방향은 모두 평행이 될 것이다.

지구와 화성이 충의 위치에 가까이 놓여있을때 그들을 연결하는 선에 평행인 지구의 각 위치로부터 얇은 선을 그어보자. 이 선들은 화성 방향근처에서 몇몇 항성들의 시선방향이다. 화성의 시선방향을 항성의 시선방향과 비교해보면 화성의 역행운동에 대한 설명을 할 수 있게 될 것이다. 그러나 남북운동은 그렇게 분명하지 않다.

적당한 황도 좌표 챠트를 택해서 각 관측일에 해당하는 화성의 위치를 그려보자. 궤도 챠트가 지구궤도면에 그려졌다는 것을 염두에 두고 궤도챠트에 승교점과 하교점의 위치를 표시해보자. 황도는 하늘에 투영된 이 평면이다. 화성의 남북운동의 원인이 이제 이해될 수 있을 것이다.

8.11 목성의 안시관측

목성의 표면은 구름들의 어두웠다가 밝아지는 band들을 지니고 있다. zone이라 표기되는 밝은 지역들은 암모니아 결정체들로 구성된 높은 구름덩어리들이다. belt라 불리는 어두운 띠들은 암모니아 황화수소 화합물로 구성되어 목성대기의 더 아래에 놓여있다. 목성 대기활동의 자세한 관측을 하기 위해서 대게 더 큰 관측기기가 요구되는 것처럼 보인다 하더라도, 소형망원경에서도 충분히 주의 깊은 관측을 하고 흥미 있는 작업을 계획할 수 있다.

목성이 충 근처에 있고 겉보기 직경이 가장 커져있을 때 관측이 최적으로 수행될 수 있다. 소형망원경으로 볼 수 있는 가장 뚜렷한 특징은 남쪽과 북쪽의 적도지역에 있는 belt와 zone이다. 좁은 belt가 북쪽에서 일시적으로 보여지는 것 또한 일반적이다. 그리고 아주 좋은 시상에서는 더 좁고, 덜 뚜렷한 belt

가 구별되어질 수 있다. 너비가 변하고 색깔이 변하는 적도부근의 belt는 뚜렷하게 불규칙적으로 보이는 테두리를 지니고 있다. belt가 적도부근의 zone으로 약간 침범하는 꽃줄이 때때로 선명하게 보이기도 한다. 남쪽의 belt는 완전히 없어진 것으로 알려졌다.

대적반의 모습이 강도와 색깔에서 변화하기 때문에 소형망원경으로 관측하기 위해서는 시상이 좋아야 한다. 대적반이 남쪽 적도부근 belt의 남쪽 테두리와 합병되기 때문에, 남쪽에 있는 zone으로 달걀 모양으로 돌출된 부분이 희미하게 보인다. 남쪽 적도부근의 belt 강도가 희미해질 때 더 명백하게 보여 진다.

적반이 보여 질 때, 적반이 목성의 중심 자오선을 지나가는 시간이 가치 있는 관측이 가능한 시간이다. 십자선이 그려진 아이피스가 없다면, 적반이 목성의 중심에 정확하게 들어갈 때를 측정해보자. 표준시보에서 스톱워치를 시작하고 목성의 자오선에 적반이 있을 때 스톱워치를 끈다. 흘러간 시간과 자오선 통과 시간을 기록해본다. 기록을 ALPO나 그에 준하는 단체에 보고한다. 예견 된 적반 자오선 통과시간은 RASC 관측자 핸드북, Sky and Telescope과 다른 천문잡지에서 얻어질 수 있다.

8.12 목성의 디지털 사진관측

목성이 충 근처에 있을 때의 디지털 사진이 몇 가지 흥미로운 실습을 위해 유용할 수 있다. 목성의 겉보기 특징중 하나는 적도직경과 극직경이 다르게 보이는 것이다. 이런 외관상 극 쪽이 편평해지는 것은 분명한 구름의 수평 띠에 기인한 광학적 착시현상이거나 또는 극과 적도의 실제 물리적 차이일 수도 있다. 목성을 사진 찍어서 그 적도직경과 극 직경을 측정해보면 어떤 것이 맞는지 결정해 볼 수 있다.

앞의 절에서 서술한 방법을 계속해본다. 여러 장의 사진을 취해서 가장 좋은 사진을 저장한다. 눈금자를 이용하여 가장 좋은 사진에서 목성의 극직경과 적도직경을 측정해본다. 7장에 서술된 눈금자를 이용하여 컴퓨터 모니터 상에

** 그림 8.12 **컴퓨터 모니터에서 목성을 측정하기**

서도 이런 측정을 할 수 있다. 목성의 적도직경은 142,800km이다. 이 값을 km/mm 의 인쇄축척을 구하여 극 직경을 계산하는데 사용할 수 있다. 이런 측정들은 또한 7장의 눈금자를 이용하여 컴퓨터 모니터에서도 측정되어 질 수 있다. 그림 8.12는 목성이미지에 겹치기한 눈금자의 그림을 보여준다.

목성의 구름 belt의 모습을 스케치해보는 것에 덧붙여, 그들 경계영역들의 각 너비와 위도의 변화가 목성 이미지를 그림 7.6의 좌표 격자에 겹쳐봄을 통해 측정되어 질 수 있다. 이런 과정은 달 칭동을 측정하는데 사용된 방법과 동일하다.

모니터 상에서 목성의 이미지에 겹쳐놓기 위해 격자를 끌어온다. 이미지를 충분히 크게 확대 한다. 격자를 이미지에 맞춰 펼치고 격자를 격자의 위도선이 구름 띠와 평행하게 될 때까지 회전시켜 본다. 마지막으로, 구름 belt의 위도 및 belt와 zone의 각 너비를 측정한다. 이미지는 작지만 충분히 측정 가능할 것이다.

8.13 목성의 위성들

과학의 역사에서 가장 중대한 사건들 중 하나는 갈릴레오가 망원경을 개발해서 목성주위를 돌고 있는 4개의 작은 천체들을 발견한 것이다. 의심할 나위없이, 현대천문학, 천체역학과 우리가 우주에 대해 생각하는 모든 방법들이 바로 이 단일 사건에 그 뿌리를 두고 있다. 지금은 목성이 60개의 위성을 지니고 있다는 것이 알려졌다. 우주선이 이오, 유로파, 가니메데와 칼리스토를 탐험하였다 할지라도, 그들은 목성에 의해 가리워지고 그 표면을 통과하는 그림자들을 우리가 보는 것만으로도 아직 환상적이다.

4개 갈릴레이 위성에 대해 엄폐, 식 과 자오선 통과 시각의 예측은 Guide 8.0, 천문력, RASC의 관측자 핸드북과 다른 알려진 천문 잡지 등에 제시되어 있다. 이런 사건들은 순간적으로 일어나는 사건들이 아니다. 예를들어, 한 위성의 식이 일어나는 동안 시야에서 사라지는데는 수초가 소요될 것이다. 예측된 시간들은 사건의 중심에 대한 시각이다.

4개의 밝은 위성을 지닌 목성은 닫혀진 시스템의 중력상호작용을 연구하는데 이상적이다. 위성 사건들의 시간을 기록해보면 필요한 자료를 얻을 수 있다. 여러분들의 관측기록을 ALPO에 보고하면 데이터베이스 구축에 도움이 될 수 있다. 더 자세한 정보들은 ALPO와 접촉해보라.

8.14 빛의 속도측정을 위한 뢰머 방법

목성이 충을 통과할 때 지구에 가장 근접하게 된다. 지구가 궤도상에서 계속 이동하기 때문에, 거리는 증가하게 되고 목성은 결국 태양 뒤에서 사라지게 될 것이다. 그때, 목성과 태양은 합의 위치에 있다고 말한다. 그러나 합의 전과 후의 몇 주동안 행성은 아직도 보이게 된다. 목성은 밝은 아침별 또는 초저녁 별처럼 보인다. 이때 목성은 지구에서 보일 수 있는 가장 먼 위치에 있다.

1675년에 뢰머는 목성위성 이오의 관측된 궤도주기가 목성이 태양과 충위치에 있을 때가 합위치 근처에 있을 때보다 짧다는 것을 보고했다. 그는 이오의 궤도주기의 겉보기 차이가 빛이 유한의 속도를 지니고 있음을 보여준다고 주장했다. 측정된 주기는 목성이 멀리 있을 때 더 커지는데, 왜냐면 빛이 더 먼 거리로부터 정보를 가져오는데 시간이 더 걸리기 때문이다.

빛이 움직인 추가 거리는 지구궤도 직경과 목성궤도 직경이 알려진다면 결정되어 질수 있다. 빛이 그 거리를 움직이는데 걸린 시간은 두 지점에서 이오의 궤도주기의 차이이다.

뢰머의 망원경이 단순한 볼록 대물렌즈를 장착한 굴절망원경이었기 때문에, 그의 목성이미지는 색 수차과 구면수차의 영향을 받았다. 시간을 기록하기 위해 그는 정확도가 수 초가 넘는 의심스러운 정확도를 지닌 17세기의 시계를 사용하였고, 그래서 그는 그의 관측을 위해 눈과 손의 조정에 의존하였다. 더군다나, 지구궤도와 목성궤도의 직경은 그때 정확하게 알려지지 않았다. 그가 예측한 빛의 속도가 오늘날 사용하는 값과 다르다는 것이 놀랄만한 것인가? 아직도 지속되는 그의 명예는 그가 빛의 속도가 유한하다는 것을 처음 보여준 것으로 아직도 그 명성이 유지되고 있다.

이론적으로 뢰머방법은 빛의 속도에 대한 좋은 어림을 제공해 줄 수 있는 것 같은데, 이런 추정은 현대 소형망원경으로 충분히 해낼 능력이 있다. 현대 소형망원경은 그가 사용했던 기기보다 광학적으로 우수하다. 손에 쥔만한 최신 스톱워치가 관측자의 눈과 손의 조정에서 한계가 있었던 측정을 정확하게 만들었는데, 대게 0.2초보다 커지지 않는다. 목성까지의 정확한 거리는 쉽게 얻어질 수 있는 자료들에서 쉽게 찾아질 수 있다. 분명 이는 수행해보기 어려운 탐구이지만 이 책에서의 실험들보다 약간 더 매력적인 활동들이다.

8.15 뢰머 방법의 관측

관측하기 가장 쉬운 사건은 목성에 의해 그 위성의 식이 시작되는 것을 관측하는 것이다. 이오의 식에 대한 예측은 보통의 참고문헌에서 찾아볼 수 있다. 참고문헌의 표로부터, 식의 사라지는 단계가 여러분의 관측지에서 보여지는 시간을 찾아보자. 이오의 궤도주기 1.76913 days 에 의해 분리된 몇 개의 사건 쌍들을 찾아보려 노력해본다. 그리고 처음 사건 쌍으로부터 3개월 정도 차이나는 두 개의 사건 쌍 들을 찾아본다. 목성이 처음으로 두드러지기 시작해서 늦은 밤이나 이른 아침에 동쪽하늘에서 떠오를 때 그런 쌍들의 하나가 일어나게 된다. 행성이 충 근처에 있을 때 다른 쌍이 관측된다. 가능한 많은 사건 쌍 들을 관측한다면, 구름같이 제어할 수 없는 사건에 의해 관측이 제한받는 기회가 줄어들 것이다. 이 실습에서 아마 가장 어렵고 좌절하기 쉬운 부분이 바로 적당한 관측조건을 기다리는 인내를 잃어버리는 것이다.

계획된 식이 일어나기 30분전에 관측을 시작해보자. 저배율에서 망원경 시야에 목성을 들어오게 한 다음, 배율을 높은 색대비에서 선명하게 볼 수 있는 가장 높은 값으로 조정해보자. 식은 갑자기 일어나지 않는다. 이오는 목성의 가장자리에 접근하기 전에 희미해지기 시작할 것이다. 그 때가 이오가 목성 그림자의 반영에 들어서고 있는 중이다.

UT시보에 의해 제공된 시각에서 스톱워치를 시작해보자. 이오가 목성에 접근하는 것을 관측해보며 이오가 완전히 사라지는 순간 스톱워치를 꺼본다. 진행된 시간을 기록하고 식의 시작시각을 결정해본다. 연속된 두 개의 식사이의 시간으로부터 궤도주기를 계산해본다. 목성이 충 근처에 있을 때 여러 식 현상에 대해 이런 과정을 반복해보고 충과 합 근처에서 관측된 궤도주기 사이의 차이를 계산해본다.

여러분 관측의 UT를 JD(쥴리안 데이)로 바꾸되 소수점 5자리까지의 정확도로 기록한다. 이오의 관측된 궤도주기는 연속적으로 관측된 JD사이의 차이가 될 것이다. 관측된 궤도주기의 증가는 수개월 떨어져서 관측한 결과에 대해 결정된 궤도주기사이의 차이이다. 관측에 대해 지구와 목성간 거리는 Guide 8.0이나 다른 천문력에서 얻어질 수 있다. 증가된 거리를 관측의 각 쌍에서 두 번째에 대한 거리차이로 취해보자. 빛의 속도는 증가된 거리에 관측된 궤도주기사의 차이를 나누어준 값이다.

간단화된 뢰머 방법을 이용하면 현재 사용하고 있는 빛의 속도의 20%이내에 들어오는 값을 얻을 수 없다. 그러나, 뢰머와 같이 관측을 해서 빛의 속도가 유한이라는 것을 알아볼 수는 있다. 우리는 또한 이 방법의 본질적인 어려움을 인정할 수 있고, 이 방법으로 얻어진 역사적인 값들이 아주 복잡한 방법으로 얻어진 최신 값과 비교될 수 없는지의 이유를 이해할 수 있을 것이다.

8.16 토성

소형망원경에서도 토성의 놀라운 광경을 볼 수 있다. 2009년까지 토성 고리가 나뉘어진 부분이 분명하게 보이고 또 시상이 좋을 때는 구름의 부수적인 띠가 쉽게 보였다. 구름들은 보여지는 정도가 변화되는데, 그래서 모든 행성관측에서와 마찬가지로 우리가 그린 스케치들은 그때 우세한 대기상황을 설명해주게 된다. 이 사실은 보이는 모습이 달라지는 토성 구름들로부터 좋지 않은 시상 효과를 제거하는데 아주 중요하다.

토성의 디지털 사진으로 수행될 수 있는 흥미로운 측정은 보이는 고리시스템의 직경과 행성의 직경을 비교하는 것이다. 이는 7장에 서술된 눈금자를 이용해 컴퓨터나 인쇄된 이미지에서 수행가능 하다.

제9장

혜성과 소행성들

9.1 혜성들

이전에 발견된 혜성들과 새롭게 발견된 혜성들이 밤하늘에 빈번히 출현한다. 이들 중 대부분은 큰 관측기기로만 관측이 되지만, 그 중 하나가 종종 소형망원경으로 보기에 충분히 밝아지기도 한다. 그때 우리는 혜성의 모양, 밝기와 위치의 변화를 주의깊게 관측해볼 수 있다.

이런 작업은 f/5나 f/6 80mm 같은 광시야 단초점 굴절망원경을 이용하여 수행될 수 있다. f/11은 안시관측을 위해 저배율 광시야 아이피스와 함께 사용되어 질 수 있지만, 장초점 망원경으로 사진관측을 하기위해서는 가이드용 보조망원경으로 정확하게 추적을 할 필요가 있다. 가대의 극축이 잘 맞춰져 있다면 단초점 망원경으로 추적하지 않고 30초 노출사진을 찍을 수 있다.

혜성의 겉보기 구조는 코마와 꼬리의 두 성분으로 구성된다. 보통 수천 km의 직경을 지니고 있는 코마는 수십 km밖에 되지 않는 보이지 않는 핵의 얼음표면으로부터 증발된 가스로 구성되어 있다. 길이가 수백만 km가 넘는 꼬리는 또 두 가지 성분으로 분류되는데, 즉 궤도 방향을 따라 혜성을 쫓아가는 티끌꼬리와 태양과 반대방향에 놓인 가스꼬리이다. 혜성이 태양으로부터 멀어지고 있을 때 꼬리는 혜성보다 앞서간다; 앞서가는 방향은 태양복사압에 의해 결정된다.

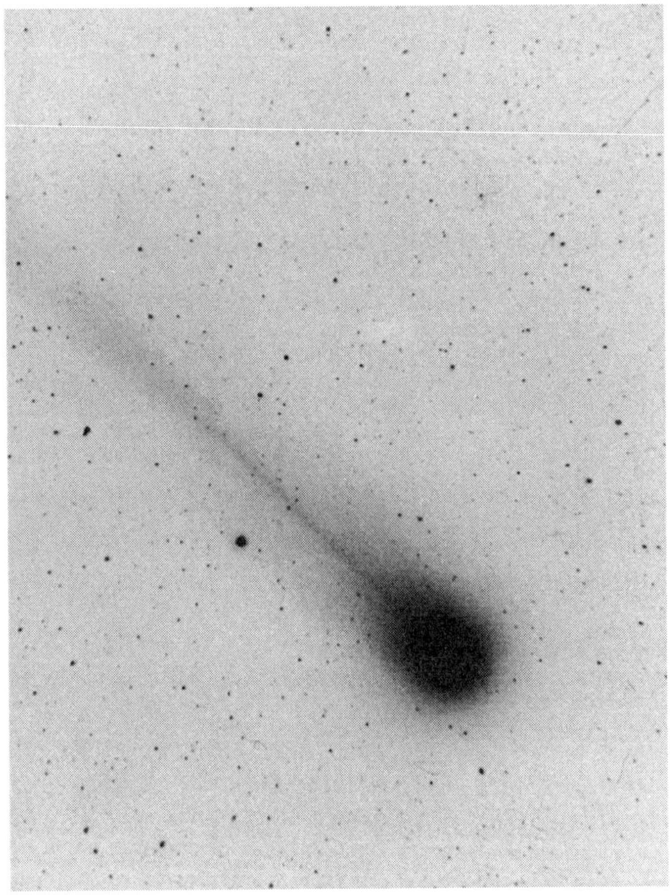

** 그림 9.1 **혜성 히아쿠다케: 300mm f/3.5 망원렌즈를 이용하여 T-Max 400필름에 2분 노출함**

혜성은 태양과 만나기 위해 오고 가는 과정에서 그 모습이 변한다. 꼬리는 태양에 가까워지면서 더 길어지고 멀어지면서 짧아진다. 때때로 가스 제트가 코마에서 방출되기도 한다.

겉보기 모습 또한 혜성에 따라 아주 다르다. 히야쿠타케(Hyakutake)혜성인 그림 9.1과 헤일-밥(Hale-Bob)혜성인 그림 9.2가 그 한 예이다. 헤일-밥(Hale-Bob)혜성에 꼬리 2개가 있고 또 코마의 모습도 다르다는 것에 유념해보자. 이 들 사진들은 디지털 사진기가 널리 보급되기 전에 300mm f/3.5 망원렌즈를 이용하여 T-Max 3200필름에 2분 노출에서 찍은 사진들이다.

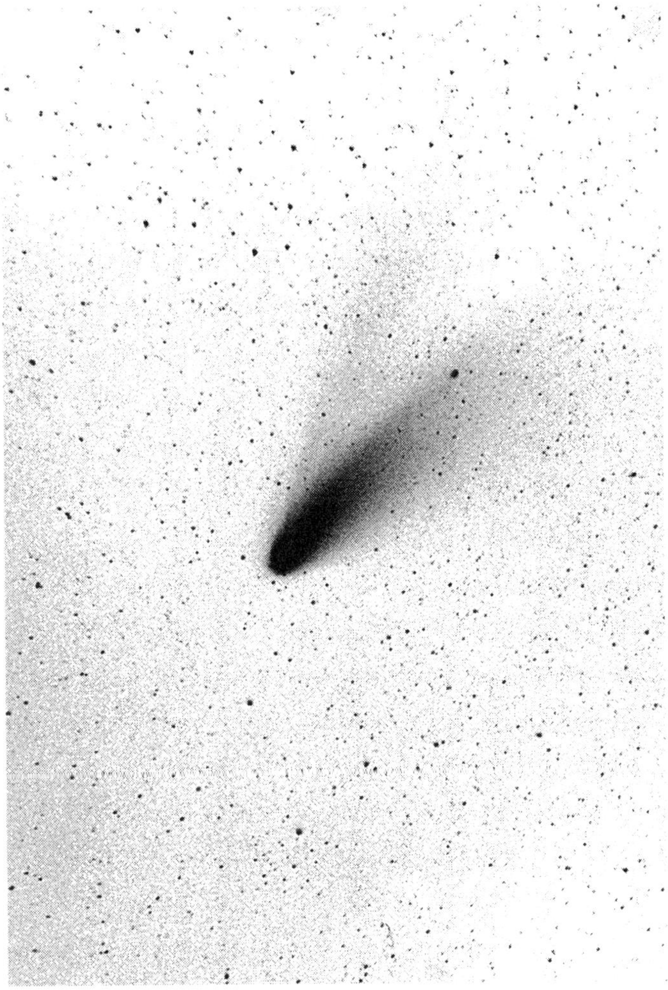

** 그림 9.2 **혜성 헤일-밥: 300mm 망원렌즈를 이용하여 T-Max 400필름에 2분 노출함**

안시관측

밝은 혜성들의 위치는 모든 유명 천문잡지에 발표된다. Guide 8.0이나 이와 비슷한 소프트웨어를 이용하며 아이피스의 중앙에 관측일의 혜성이 놓인 것과 거의 비슷한 성도를 만들어 보자. 혜성의 겉보기 등급을 추정하는데 사용하기 위해 혜성과 비슷한 항성의 등급을 성도에 표시해 놓는다. 망원경 가대의 극축을 맞춘 후, 망원경을 혜성의 위치 근처에 있는 항성을 향하게 하고 항성의 위치에 적경판과 적위판을 설정한다. 그리고 망원경을 혜성의 위치로 이동시켜본다.

아이피스로 보는 항성을 성도에 있는 별과 같다고 확인한 후에, 비교성으로 좋다고 생각하는 별 두 서너 개를 선정한다. 항성의 이미지가 크기에 초점이 잡혀진 혜성이미지와 견줄 만 할 때까지 초점을 흐리게 하자. 초점이 흐려진 항성 이미지밝기가 초점이 맞춰진 혜성의 밝기를 비교하는 방법을 이용하여 혜성의 등급을 측정할 수 있다.

혜성의 모습을 관측조건과 시간이 허락하는 만큼 자주 넓은 시야와 높은 색대비를 보여주는 아이피스를 이용 스케치해 보자. 특히, 코마와 꼬리의 겉보기 모습이 변하는 것을 살펴보자. 코마 밝기 분포를 적어놓는다. 코마 밝기가 중심에 집중되었는가? 아니면 균일하게 분포되어 있는가? 각 관측의 시간과 관측 일을 기입한다.

디지털 사진관측

사진을 찍을 때는 추적 장치를 가동시키고 ISO 400에서 15초에서 30초까지의 노출시간을 이용해보자. 사진기 마운트와 비슷한 가장 넓은 겉보기 시야를 지닌 아이피스를 사용한다. 배경항성에 대한 혜성의 어떤 움직임도 그렇게 짧은 노출에서는 포착되지 않을 것이다. 이미지 틀이 동-서 방향에 평행하게 되도록 사진기를 장착한다. 플래쉬 기능을 껐는지 확인하고, 원격 셔터제어장치나 셀프타이머를 사용해본다. 각 사진에 대한 정확한 시간을 초단위로 기입한다. 여러 장의 사진을 찍어본다. 만일 가능하면 혜성의 운동을 추적하기 위해 1시간 또는 2시간 후에 또 여러 장의 사진을 찍어본다.

이미지를 흑백 음화사진으로 바꿔보면 더 좋은 색대비와 세부사항들을 보게 될 것이다. 각 사진의 뒷면에 관측일과 시간을 기입하고 나중에 찍을 혜성 이미지와 비교를 위해 잘 보관해둔다. 이미지들을 컴퓨터에 정리해서 저장해 두었는지 확인해보라.

혜성의 위치는 컴퓨터에 적절한 성도를 불러와 사진에 찍힌 시야와 거의 비슷하게 설정해보면 알 수 있다. 컴퓨터 성도와 사진을 비교하는 동안 커서는 혜성이 나타나는 위치에 놓아둔다. 위치의 좌표 값들이 성도의 설명부분에 나타날 것이다. 이 위치를 사진의 뒷면에 적어놓고 이 값을 예견된 위치와 비교해 보라.

혜성의 꼬리가 보여 진다면, 배경잡음이 커지지 않는 한도 내에서 이미지의 색 대비를 최대한 증가시켜보자. 꼬리의 길이를 측정해보고 각도기를 이용해서 동-서 방향에 상대적인 꼬리의 방향을 측정해보자. 이 작업은 인쇄된 이미지에서 눈금자를 이용해 수행될 수도 있다. 또한 컴퓨터 모니터에서는 7장에서 설명된 눈금자를 이용해서 측정할 수 있다.

혜성관측에서 얻어진 뜻밖의 발견들

여러분들이 찍은 어떤 광시야 사진이라도 희미한 비항성체들을 포함하고 있기 때문에 이미지들은 자세히 검토되어져야 한다. 대부분의 시간에서 (99.999%), 여러분이 알아차리지 못한 그 무엇인가가 관측한 하늘에 담겨있다는 것이 알려지게 될 것이다. 이들은 구상성단, 외부 은하, 잘 분해되지 않은 성단 또는 알려진 혜성이 될 수도 있다. 이들을 동정해내는데 모든 참고문헌들을 잘 점검해본다. 여러분이 동정해 낼 수 없으면, 하늘의 똑같은 영역을 다음 관측할 때 다시 사진을 찍어보고 그 현상이 아직도 거기 있는지? 또는 이동했는지를 살펴본다. 동정하기 위한 모든 노력이 허사로 돌아가고 단지 움직인 현상만 보인다면 여러분들은 혜성을 발견한 것이다! 관측에 대한 세부사항들을 가능한 빨리 보고해야 한다. RASA관측자 핸드북은 이런 발견들을 어떻게 보고하는지에 대한 정보를 제공해 준다.

필름사진관측

필름사진관측은 오래 유지되는 필름에 장시간 노출을 할 수 있다는 이점이 있다. 망원경의 주 초점에 사진기를 장착하거나 또는 망원렌즈를 사용하고 있는 사진기를 그림 5.6에 보여진 대로 망원경에 평행하게 장착해본다. 망원경가대가 천구의 극에 잘 조준이 되었다면 자동추적 없이 5분의 노출사진도 IS)1600필름으로 가능하다. 혜성 사진관측에는 135mm 또는 200mm 망원렌즈면 충분하다.

음화사진을 스캔해서 컴퓨터에 저장해본다. 이 이미지들을 디지털 사진에 대해 기술한 방법대로 분석해본다. 측정은 흑백 음화사진에서 잘 수행될 수 있다.

9.2 소행성들

f/5 80mm굴절망원경에 ISO 400에 설정된 디지털 사진기를 장착하여 약 15초 노출하면 4개의 밝은 소행성 사진을 찍을 수 있다. 10등급보다 더 어두운 소행성들은 30초 노출하면 쉽게 포착이 된다. 표 9.1에 가장 밝은 4개의 소행성을 최대 안시등급과 함께 제시했다.

** 표 9.1 가장 밝은 소행성들

Number and Name	Magnitude
1 Ceres	6.7
2 Pallas	6.7
3 Juno	7.4
3 Vesta	5.5

가장 밝은 소행성들의 예상 위치는 RASC의 관측자 핸드북, 천체력 또는 Guide 8.0과 이와 동등한 소프트웨어에서 얻어질 수 있다.

디지털 사진관측

Guide 8.0(또는 이와 동등한 소프트웨어)는 망원경 파인더 또는 광시야 아이피스에서 볼 수 있는 것과 똑같은 시야의 중심에 소행성이 들어있는 성도를 만들어 낼 수 있다. 2.5°에서 3° 정도의 아이피스를 사용한다. 망원경 가대에 있는 조정판을 참고하면서, 망원경을 소행성의 위치로 이동시킨다. 파인더와 아이피스에 보이는 모습들을 컴퓨터 성도와 비교하면서 시야의 중앙에 소행성이 놓이게 한다.

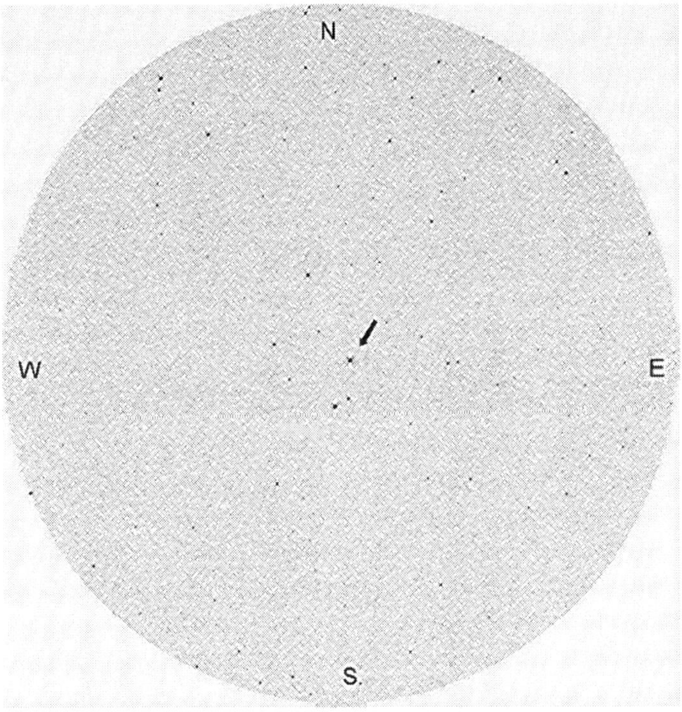

** 그림 9.3 **f/5 80mm 굴절망원경을 이용해 찍은 소행성 Vesta의 디지털 사진. 화살표가 소행성이다.**

사진을 찍는 과정은 앞 절에서 서술된 혜성의 경우와 같다. 사진기가 ISO400에 설정되었을 때 노출 시간을 가능한 길게 해본다. 사진을 다운로드한 다음에, 컴퓨터에서 만들어진 성도와 비교해 보면서 소행성을 동정해 본다. 그림 9.3과 그림 9.4는 소행성 Vesta의 사진과 관측 일에 대해 컴퓨터에서 만든 성도의 예를 보여준다.

소행성 추적

한 달 정도 기간에 걸쳐 하늘에서 소행성의 위치를 추적할 수 있는데 다음과 같은 과정을 거친다.

첫 번째 사진의 투명복사 이미지를 만들고 관측일과 시간을 기록한다. 다른 이미지들을 종이에 음화인쇄를 한다. 각 이미지에 투명이미지를 겹쳐보면서 소행성의 위치를 투명이미지에 기록한다. 이들 위치들을 소행성의 궤도위치와

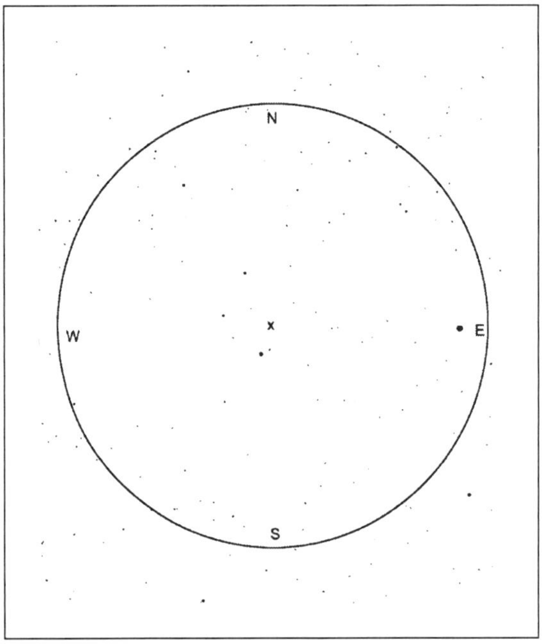

** 그림 9.4 **소행성 Vesta를 위한 컴퓨터로 만든 성도. x위치가 소행성의 위치이다.**

연관시켜보기 위해 적당한 궤도 챠트(그림 9.5에서 그림 9.8)에 소행성의 태양 중심 위치를 그려본다. Guide 8.0을 참고삼거나 8장에서 행성들에 대해 기술한 과정을 통해 각 위치들의 태양 중심경도를 결정해 본다.

컴퓨터로 만든 소행성의 위치는 이론적으로 예측된 위치이다. 특히, 목성에 의해 생겨난 중력섭동은 그 위치를 자세히 예측할 때 고려되어져야 했다. 이 위치와 관측한 이미지에서의 위치를 비교해 보는 것은 흥미로운 일이다. 예측된 위치가 여러분의 관측오차 한계 내에서 잘 맞았는가?

필름 사진관측

필름 사진관측을 위해서는 앞 절에서 혜성에 대해 언급한 것과 똑같은 과정을 거쳐서 관측해보고 분석해 보자.

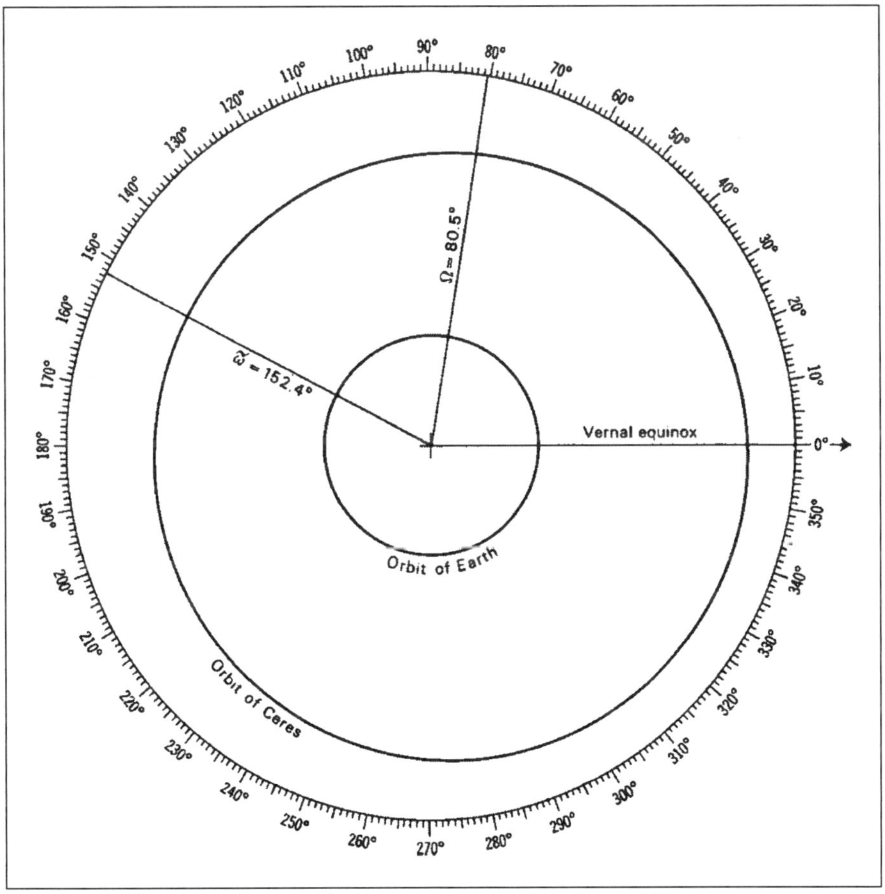

** 그림 9.5 **소행성 Ceres의 궤도**

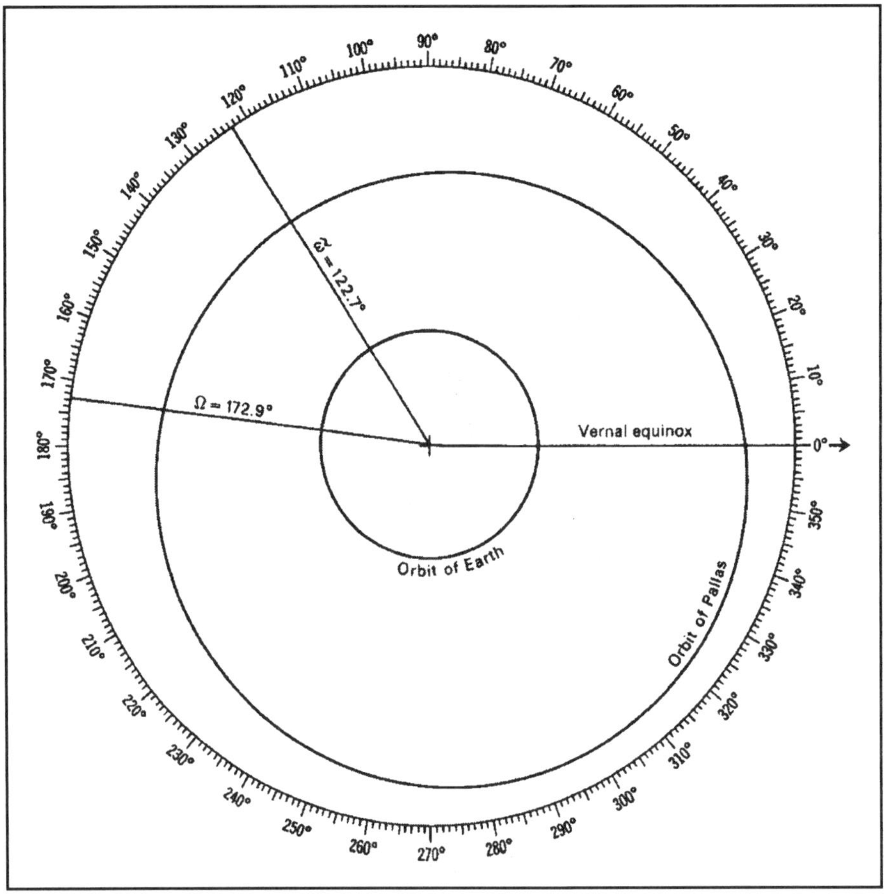

** 그림 9.6 **소행성 Pallas의 궤도**

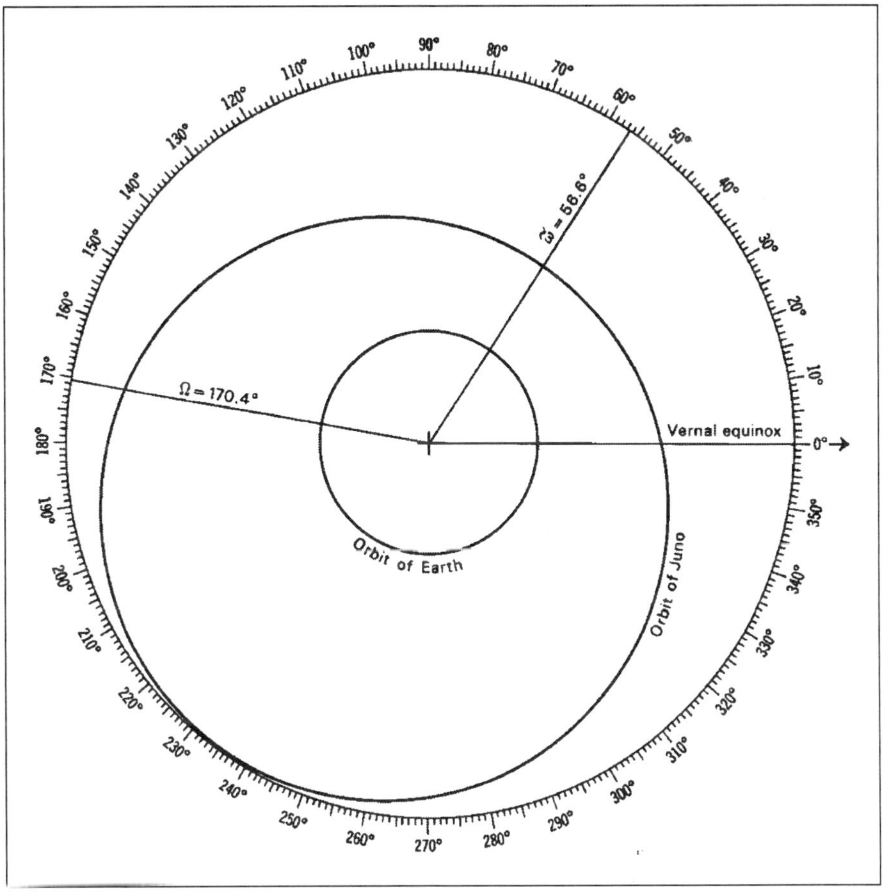

** 그림 9.7 소행성 Juno의 궤도

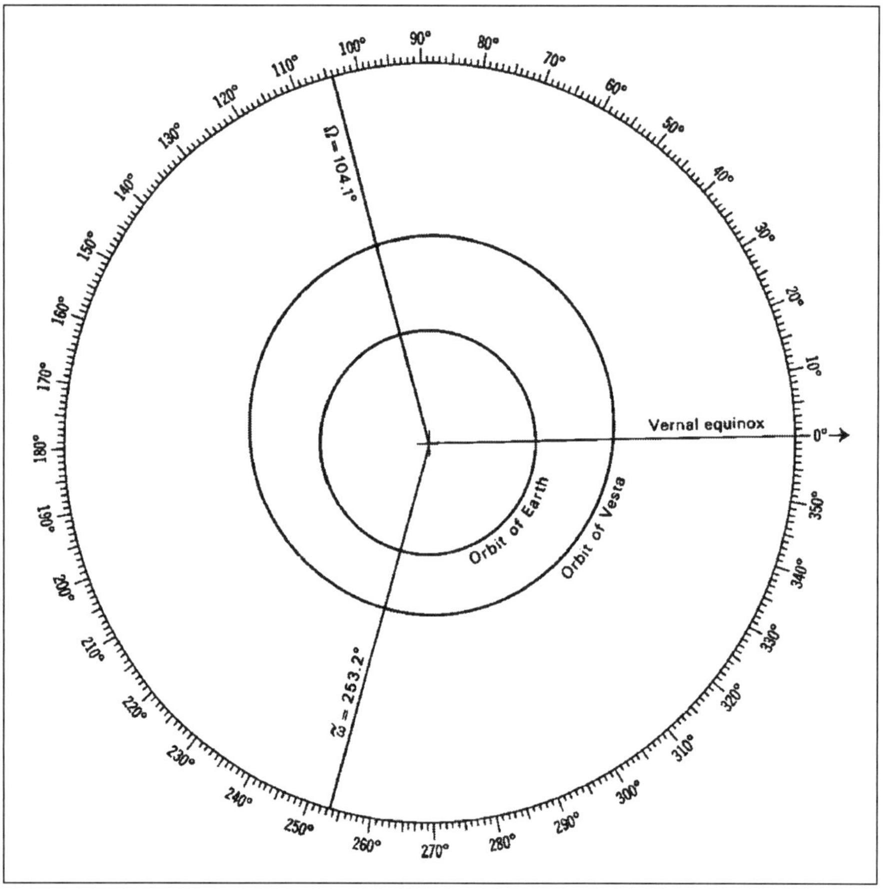

** 그림 9.8 **소행성 Vesta의 궤도**

제10장

안시쌍성

18세기 후반 50년 동안의 관측자들은 거의 같은 등급의 별들이 가깝게 분리되어 쌍을 이루고 있는 현상들이 자주 일어난다고 보고 하였었다. 허셸 경은 1803년에 50개가 넘는 쌍들의 궤도운동에 대한 증거들을 발표하면서, 이들 중 상당수가 아마 중력으로 묶여 있을 것이라는 것을 확인하였다. 우리는 이제 모든 별들 중 절반이상이 쌍성 또는 다중성형태로 중력으로 묶여있음을 안다.

어떤 별들이 쌍성 또는 다중성 시스템인지의 여부를 판단하기 위해서는 위치각과 분리거리의 두 가지 관측이 필요하다. 그림 10.1에 보여진 바와 같이, 이런 측정은 두 별 중 밝은 별을 주성이라 하고 어두운 별을 주성 주위를 도는 반성으로 지정하여 이루어진다. 두 별사이의 분리거리는 1"의 단위로 측정하고, 위치각은 동쪽방향에서 북쪽으로 그 별까지의 각거리를 1° 단위로 측정한다. 충분한 관측이 이루어진다면 반성의 겉보기 궤도가 결정될 수 있다.

이런 겉보기 궤도로부터, 우리는 투영기하학을 이용하여 쌍성의 상대궤도를 결정할 수 있다.

항성구조 이론을 전개하는데 있어, 쌍성궤도의 결정은 항상 항성시차와 절대등급을 측정하는 것 다음으로 중요하다. 이들 시스템에 중력법칙을 적용해 보는 것이 우리가 별의 질량을 결정하는 유일한 방법이다. 그들의 질량, 색지

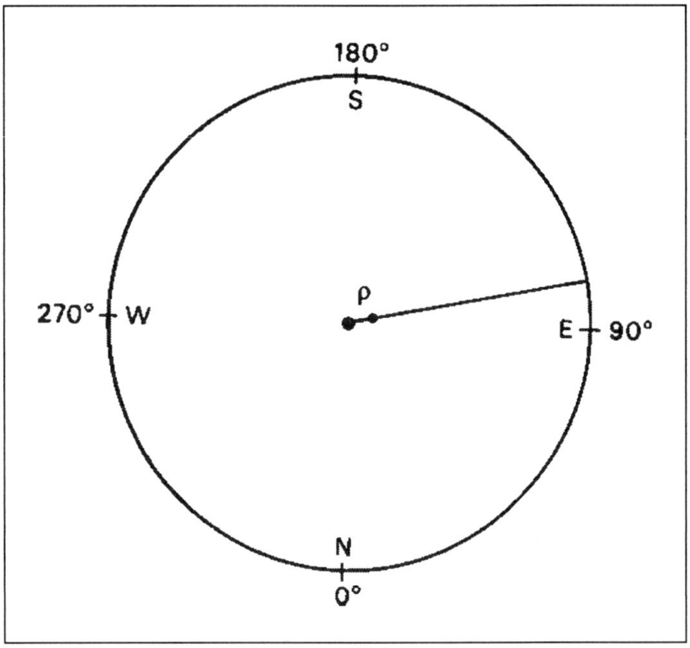

** 그림 10.1 **쌍성의 분리거리와 위치 각**

수 그리고 분광 형이 결정되어지기만 하면, 쌍성은 이제 비슷한 관측 성질을 지닌 다른 모든 별들의 질량과 비교되어지는 표준 질량이 된다.

이런 측정을 하는 여러 가지 방법들이 제안되었다. 가장 자주 사용되어 왔고 전통적인 방법으로 시야에 눈금이 있는 마이크로미터가 있는데, 비싸고 구하기 힘들며 또 소형망원경에는 적합하지 않다. 또한 위치각 측정을 위해 0.1mm의 눈금이 그려진 눈금자와 각도기가 있는 12.5mm의 십자선 눈금이 있는 조명 아이피스가 사용되기도 한다.

3× Barlow렌즈가 장착된 900m 초점거리의 굴절망원경의 경우에, 마이크로미터 아이피스의 0.1mm 눈금간격은 하늘의 7.6"에 해당한다. 결과적으로, 8"보다 큰 분리거리를 지닌 쌍성들만 정확하게 관측이 될 수 있다. 더군다나, 그런 고배율은 망원경을 배율한계로 괴롭힌다. 2.3"정도의 작은 분리거리를 0.1"의 정확도로 측정하는 것은 소형망원경에 일반적인 디지털 사진기를 사용하여 가능하다. 위치각은 1/2°의 정확도로 측정되어질 수 있다.

10.1 쌍성의 디지털 사진관측

쌍성의 사진관측에 사용하기에 적당한 디지털 사진기는 3M픽셀이상의 해상도, 원격조정 또는 셀프타이머 가능성, 3×줌 그리고 ISO 400의 셔터속도를 조절하는 능력 등이다. 1초 이상의 셔터속도가 가능해야 한다.

그림 10.2와 그림 10.3은 이중 쌍성, ϵ^1, ϵ^2 Lyrae가 찍힌 사진을 보여주고 있다. 이 사진들은 ISO 400에 설정된 5.1M픽셀 사진기를 이용 90mm 막스토브 망원경으로 얻어졌다. 셔터속도는 1/2초였다. ϵ^1의 각 성분별간의 분리거리는 2.5"이다. ϵ^2의 분리거리는 2.4"이다.

좋은 디지털 사진을 얻기 위한 2가지 전제조건이 있다. 첫째는 적경 축 모터 드라이브와 적위 축 느린 동작 제어장치가 있는 튼튼한 가대인데, 제어장치는 굳이 모터로 동작되지 않아도 된다. 두 번째는 좋은 시상이다. 별의 이미지가 확실히 분해되지 않고 또 안정되지 않다면 여러분들은 시간낭비를 하게 될 것이다.

** 그림 10.2 **90mm 막스토브 망원경으로 찍은 ϵ^1Larae.
분리거리는 2.5 arc second이다.**

** 그림 10.3 **90mm 막스토브 망원경으로 찍은 ϵ^2Larae. 분리거리는 2.4 arc second이다.**

겉보기에 넓은 시야를 지닌 아이피스는 사진기 시야스크린에서 별 중심 잡는 작업을 아주 쉽게 해 준다. 이 책에 수록된 모든 쌍성사진들은 66° 겉보기 시야를 지닌 Orion Expanse아이피스를 사용하여 얻어냈다. 80mm(초점거리가 900mm) 굴절망원경으로, 2×Barlow 렌즈가 장착된 9mm 아이피스를 이용하여 최상의 사진들이 얻어졌다. 좋은 쌍성사진을 찍기 위해서는 인내와 세심한 주의가 필요하지만, 일련의 과정만 잘 익히고 나면 어렵지 않다. 다음과 같은 과정대로 쌍성사진을 찍어 보자.

1. 사진을 찍기 전에 망원경의 초점을 쌍성에 정확하게 맞춘다. 무초점 방식을 사용한다. 아이피스에 별의 중심이 오게 한다. 손으로 아이피스에 아래쪽으

로 향하는 압력이 사진기 장치의 무게와 비슷하게 하여 이미지의 중심을 새로 맞춘다. 이 작업은 사진기가 장착되었을 때 망원경 시스템에서 휘어짐을 보상해줄 것이다. 선명한 이미지가 얻어지면, 초점장치를 고정시켜 사진기의 무게가 망원경의 초점을 흐트러트리지 않도록 한다.

2. 사진기를 수동 또는 셔터우선으로 설정하라. 초점을 무한대로 설정하고, 노출시간은 1초, ISO 400으로 설정한다. 노출시간을 1초로 하는 것은 사진기의 스크린에 별이 잘 보이게 해줄 것이다. 사진을 찍을 때는 노출시간을 더 짧게 해도 된다. 사진기에 어떤 장치가 장착되었는지에 따라 리모콘 스위치를 이용하든지 또는 셀프 타이머를 이용해보자. 플래쉬 작동을 꺼놓았는지 확인해보자, 그렇지 않으면 여러분에게 깜짝 놀랄 결과가 기다릴 것이다.
3. 망원경에서 아이피스를 제거하고 그곳에 사진기 어댑터를 장착해보자. 사진기가 달린 아이피스를 망원경의 뒤에 부착한다. 사진기 스크린의 한 가장자리가 남-북 방향으로 놓이도록 정렬한 다음에 확실하게 고정시킨다. 이미지를 저장할 준비가 될 때까지는 렌즈의 줌을 사용하지 않는다. 희미한 한 점이 될 별이 사진기 스크린에 보이게 될 것이다.
4. 사진기 스크린의 중앙에 별이 놓여있을 때, 사진기의 줌을 조심스럽게 최대로(대게 3×) 당겨본다. 스크린에서 눈을 떼지 말고 이 작업을 수행해야 하는데, 왜냐면 줌인을 하는 동안 시야가 좁아지면서 별의 이미지를 놓쳐버릴 수 있기 때문이다.

표 10.1과 표 10.2에 수록된 대부분의 별들은 1/10초에서 1초정도의 노출시간을 필요로 하는데, 카스토르같은 아주 밝은 별들은 1/15초의 노출시간이면 된다. 좋은 이미지를 확실하게 얻기 위해서는, 1/15초, 1/10초 그리고 1초의 노출시간을 사용한다. 각 노출시간에 대한 여러 장의 사진을 찍는다. 이런 과정에 약간의 경험을 익힌 다음에는 특별한 별들에 대해 하늘 조건에 따라 사용할 노출시간을 택하는 것이 더 익숙해 질 것이다.

여러분이 찍어볼 필요가 있는 첫 번째는 백조의 머리에 속한 알비레오나 큰곰자리 손잡이의 끝에서 두 번째 별인 미자르 같이 밝고 고정된 쌍성을 찍어보는 것이다. 미자르는 실제 물리적인 쌍성이지만, 그 주기는, 100년이 넘는다,

** 표 10.1 분리거리 보정을 위한 별 들

Star	RA	Decl.	ρ (arc seconds)
Albireo	19^h31^m	+33°52'	34.6
Mizar	13^h24^m	+54°56'	14.6
κ Boo	14^h14^m	+51°47'	13.5
γ Vol	07^h09^m	−70°30'	14.1
ν Car	09^h47^m	−65°04'	5.0

** 표 10.2 관측에 사용될 쌍성들

Star	RA	Decl.	m_1	m_2	θ (degrees)	ρ (arc seconds)
γ Ari	01^h54^m	+19°18'	4.5	4.6	1	7.5
λ Ori	05^h35^m	+9°56'	3.5	5.5	44	4.3
α Gem	07^h35^m	+31°53'	1.9	3.0	64	4.1
ζ Cnc	08^h12^m	+17°39'	5.1	6.2	73	5.0
ϕ^2 Cnc	08^h27^m	+26°56'	6.2	6.2	218	5.2
γ Leo	10^h20^m	+19°51'	2.4	3.0	123	4.5
α Cru	12^h27^m	−63°06'	1.3	1.6	114	3.9
Q CEn	13^h42^m	−54°34'	5.2	6.5	163	5.4
α Cen	14^h40^m	−60°50'	0.0	1.3	224	13.3
π Boo	14^h41^m	+16°25'	4.9	5.8	110	5.6
39 Boo	14^h50^m	+48°43'	6.3	6.7	47	2.9
δ Ser	15^h34^m	+19°32'	4.2	5.2	173	4.0
σ CrB	16^h15^m	+33°52'	5.6	6.5	238	7.1
ζ CrB	15^h39^m	+36°38'	5.0	5.9	306	6.4
ρ Her	17^h24^m	+37°09'	4.5	5.4	321	3.9
70 Oph	18^h06^m	+02°30'	4.2	6.2	139	5.1
ϵ^1 Lyrae	18^h44^m	+39°40'	5.0	6.1	350	2.5
ϵ^2 Lyrae	18^h44^m	+39°40'	5.3	5.4	82	2.4
γ Del	20^h47^m	+16°07'	4.4	5.0	26	9.2

너무 길어서 우리의 목적으로 볼 때는 고정된 항성으로 간주되어 질 수 있다. 그런 별들의 분리거리를 표 10.1에 제시하였다. 이들 사진은 여러분들의 사진을 1"/mm로 보정하는데 사용되게 될 것이다. 쌍성 사진관측에 사용하는 사진기나 이이피스는 똑같은 것들이 사용되어져야 한다. 이들에 변동이 생기면 새로운 보정용 별 이미지를 찍어야 한다.

보정용 별 사진을 찍었다면, 같은 방법으로 표 10.2에 수록된 몇 개의 쌍성들의 사진을 찍어보자. 어떤 쌍성의 사진들을 여러 장 찍은 후에는 노출이 시작될 때 망원경 추적 장치를 끄고 15초의 노출로 몇 장의 사진을 찍어본다. 이렇게 찍은 별 궤적은 쌍성의 위치각을 측정하는데 필요한 동-서 방향을 지시해 줄 것이다. 천체의 이름, 날짜, UT, 노출시간 그리고 각 사진의 일련번호를 기록해놓는다.

표 10.2는 80mm 굴절망원경과 90mm 막스토브 망원경으로 찍어볼 수 있는 쌍성들의 목록이다. 이들 중 어느 별도 ISO 400의 설정을 한 사진기로 1초보다 큰 노출을 요하지 않는다.

10.2 이미지의 인쇄

쌍성 성분별들 사이의 분리거리를 측정하기위해 가장 좋은 보정용 별 이미지와 쌍성이미지를 선택해보자. 또한 추적 장치를 끄고 찍은 쌍성 이미지를 컴퓨터에 불러온다. 처음 다운로드 할 때, 쌍성은 아주 어둡게 보이거나, 또는 주성만 보이고 반성은 보이지 않을 수도 있다. 어떤 경우에는 두 성분별 모두 보이지 않을 수 있다. 색 대비를 증가시켜보면, 두 성분별이 나타나게 될 것이다. 색 대비를 너무 크게 증가시키면 분리거리가 명확해지지 않을 수 있다. 측정을 하기 위해 이미지를 흑백 음영으로 변환시켜 보자.

10.3 성분별의 분리거리 측정

쌍성 성분별 사이의 분리거리를 측정하기 위해 다음과 같은 과정을 따라해 본다.

1. 쌍성의 이미지를 컴퓨터에 다운로드하고 가장 좋은 이미지를 택해 본다. 이미지를 흑백 음영으로 변환해 본다. 보정용 별 이미지에도 똑같은 작업을 수행한다.
2. 보정용 별 이미지를 쌍성이미지에 겹치도록 끌어온다. 보정용 별 이미지를 이 별과 쌍성이 잘 보일 수 있을 때까지 투명하고 희미하게 조정한다.

3. 보정용 별 이미지를 쌍성과 가장 가까이 끌어와서 측정하고 인쇄할 수 있도록 마지막 이미지를 확대해본다.
4. 그림 10.4에 제시된 작은 원 템플렛을 이용하여 각각의 이미지 주변에 가장 잘 맞는 원을 그려보고, 각 원의 중심을 조심스럽게 표시해본다. 최종 인쇄본은 그림 10.5와 같은 형태가 되어야 한다. 투명 눈금자를 이용하여 보정용 성분별의 분리거리를 거의 1/2mm정확도로 측정해본다. 돋보기를 이용하면 도움이 될 것이다.
5. 위의 측정과 표 10.1의 보정용 별의 알려진 성분별 분리거리를 이용하여 인쇄된 눈금의 1"/mm를 계산해본다.
6. 쌍성의 성분별 사이의 분리거리를 측정하고 그 값을 인쇄눈금으로 곱해서 분리를 ρ''로 측정해보자.

10.4 위치각의 측정

쌍성이미지를 흑백 음영으로 변환하고 추적장치를 끄고 찍은 항성궤적이미지에 대해 똑같은 작업을 해보자. 그리고 나서 쌍성이미지를 열어서 항성궤적이미지를 쌍성이미지에 겹치도록 끌어온다. 항성궤적이미지를 투명하고 희미하게 조절하여서 이 궤적과 쌍성이 스크린에 확실하게 보이게 한다. 그리고 다음의 과정을 수행해 보자.

1. 항성궤적을 끌어와서 그림 10.6과 같이 쌍성의 주성이 그 궤적의 중앙에 놓이게 한다. 항성궤적은 북쪽에서 시작하여 동쪽으로 시계 반대방향으로 측정되는 위치각을 측정하는데 있어 동서방향을 정의해 준다. 아이피스에서 흘러가면서 별은 동에서 서로 움직이기 때문에 항성 궤적의 시작은 90°의 위치각이 된다. 그 반대쪽 끝은 270°가 된다. 굴절망원경이 거울 이미지*를 만들어 내기 때문에 인쇄하기 전에 전체 이미지를 수평으로 뒤집는 작업이 필요하다.

* 망원경의 상이 좌우가 반대로 일어나는 현상

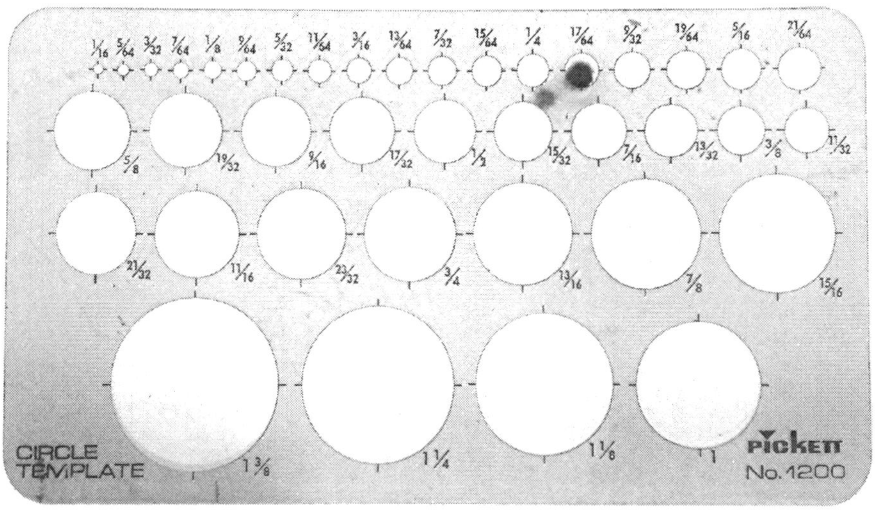

** 그림 10.4 ρ Her를 측정하기위한 원 템플릿

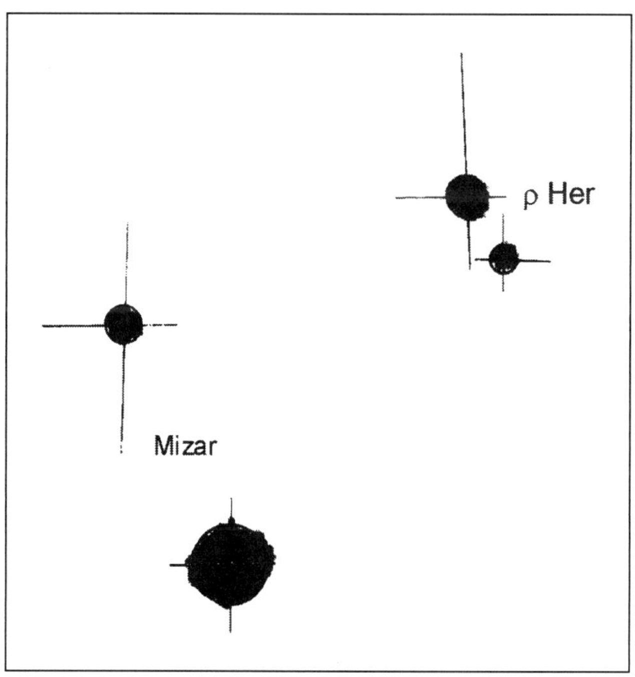

** 그림 10.5 분리거리 측정을 위해 ρ Her 이미지에 중첩시킨 미자르의 보정용 이미지

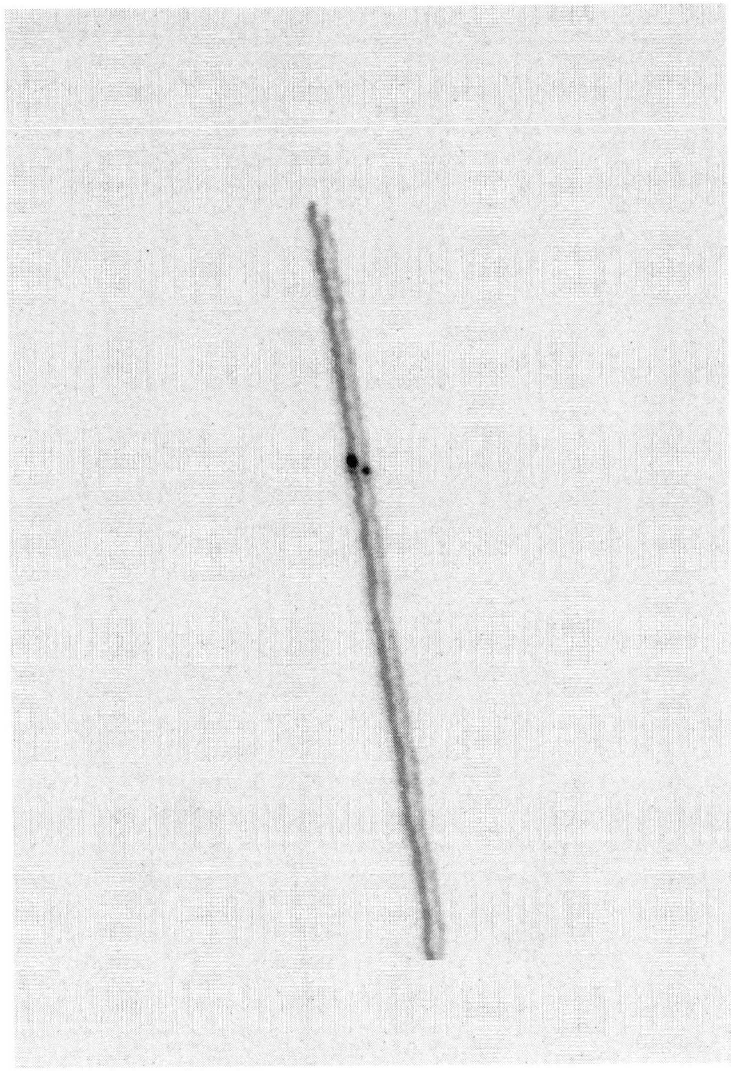

** 그림 10.6 ρ Her의 항성궤적을 별의 이미지와 중첩시킨 이미지

2. 인쇄된 이미지에 항성궤적의 길이를 통과하고 종이를 가로지르는 얇은 선을 그려보자. 쌍성 성분 별들을 통과하고 종이를 가로지르는 선을 그려 본다. 이 작업을 다 하면 그림 10.7과 같은 모습이 된다.
3. 원형 각도기를 가지고 동-서를 잇는 선과 중심에 있는 주성을 포함한 쌍성의 성분별 중심을 통과하는 선사이의 각도를 잰다. 그림 10.1에 보여진 위치각을 정의에 따라 시스템의 위치각을 결정해본다.

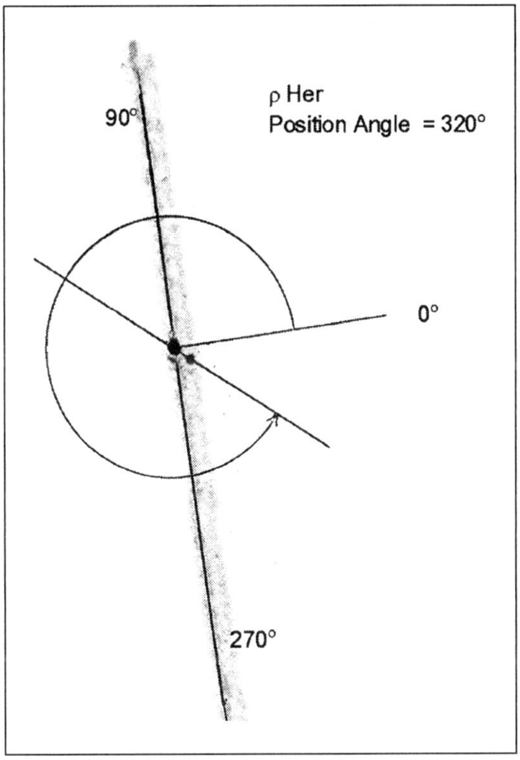

** 그림 10.7 ρ Her**의 위치각 측정을 위한 그림**

위치각을 결정하기 위한 선그리는 작업에 판단의 오차가 포함되기 때문에 인쇄를 여러 장 해서 측정을 여러 번 해본다. 계산기의 통계모드를 이용하여 평균값을 구해보고 θ값에 대한 표준편차를 구해본다.

여러분이 선과 원을 주의 깊게 그렸다면 위치각을 1°보다 좋은 정확도로, 그리고 분리기리는 0.1"의 정확도로 측정할 수 있을 것이다.

표 10.3은 1250mm의 초점거리를 지닌 90mm 막스토브 망원경으로 찍은 ρ Her, ϵ^1Lyrae 그리고 ϵ^2Lyrae의 이미지에서 측정한 자료들을 제시하고 있다. 6mm Orion Expanse 아이피스가 5M픽셀 사진기의 3×줌에 사용되었다. ϵ^1에 대해서는, 항성궤적보다는 ϵ^1에 상대적인 ϵ^2의 위치각이 기준으로 사용되었다.

표 10.4는 표 10.2에 수록된 몇 개 별에 대한 측정들을 비교하고 있는데, 이 표에는 관측 일에 대한 이들 항성들의 궤도요소들로부터 예측된 θ와 ρ값이 같이 제시되었다. 예측된 값들은 θ_p와 ρ_p로 표시되었다. 이들 모든 관측들은

** 표 10.3 ρ Her, ϵ^1Larae 그리고 ϵ^2Larae에 대한 측정

Star	θ (degrees)	ρ (mm)	Scale (arc seconds/mm)	ρ (arc seconds)
ρ Her	321 322 319 320 319 321	3.7	1.09	4.03
ϵ^1 Lyrae	350 351 349 349 351 350 351	2.2	1.09	2.4
ϵ^2 Lyrae	81 80 80 82 80 78 82	2.1	1.09	2.3

** 표 10.4 관측으로 측정된 값들의 참고문헌 값들과 비교

Star	θ (degrees)	θ_p (degrees)	ρ (arc seconds)	ρ_p (arc seconds)	Telescope
70 Oph	138	137.6	5.0	5.0	90-mm Maksutov
α Gem	60	60.3	4.2	4.3	80-mm refractor
γ Leo	125	125.3	4.4	4.4	80-mm refractor
π Boo*	109	110	5.6	5.6	80-mm refractor
ρ Her	320	319	4.0	4.0	90-mm Maksutov
ϵ^1 Lyrae	350	349	2.4	2.5	90-mm Maksutov
ϵ^2 Lyrae	81	80	2.3	2.4	90-mm Maksutov

80mm 굴절망원경이나 90mm 막스토브 망원경으로 여기서 서술된 방법을 이용하여 이루어졌다. 제시된 값들은 1°와 0.1"근처에서 반올림 되었다.

표 10.2에 제시된 대부분의 항성들이 다가오는 수 년 동안 위치각 또는 분리거리에서 변화를 보이지 않는다 할지라도, 몇 개는 변화를 보일 것이다. 그래서 이 표나 또는 다른 참고문헌의 값들이 여러분들의 결과와 맞지 않는다고 해서 여러분이 틀렸다고 단정할 필요가 없는 것이다. 소형망원경으로 관측하기에 적합한 많은 쌍성들의 궤도요소들은 충분한 자료들이 없는 관계로 불충분하게 결정되었거나 또는 전혀 측정되지 않은 상태로 있다. 여러분들의 관측들이 가장 최근에 보고된 위치보다 더 최근의 자료가 될 것이다. 2010년에 상당한 변화를 보일 천체들이 3개가 있다. 이들 중에, 70 Oph는 88년의 짧은 주기 때문에 가장 큰 변화를 보일 것이다. 이런 천체들이 표 10.5에 제시되었다.

앞으로 수년에 걸친 관측이 흥미로울 천체는 γ Virginis이다. 이 별은 성분별의 분리거리가 현재 소형망원경의 분해능보다 작기 때문에 표 10.2에는 표기되지 않았다. 반성은 주성주위를 큰 이심궤도 속에서 움직인다. 이 별은 2005

** 표 10.5 감지될 만한 변화를 보일 쌍성들

Star	Year	Period (years)	θ (degrees)	ρ (arc seconds)
α Gem	2006	445	59.8	4.35
	2010		57.1	4.65
	2015		54.1	5.05
70 Oph	2006	88	136.8	5.06
	2008		134.6	5.42
	2015		131.6	5.72
γ Vir	2006	168.9	85.8	0.44
	2010		20	1.46
	2015		3.9	2.32

년도의 근성점에서 0.38arc seconds의 분리거리를 보였다. 2010년에 이 별의 분리거리는 1.46"가 될 것인데, 이는 80mm 굴절망원경의 분해한계 내에 속하고, 또 2015년에는 2.32"에 다다르게 될 것이다. 그때에 반성은 소형망원경으로 쉽게 구분되게 될 것이다. 이 별들은 앞으로 수 십 년 동안 분리된 채 관측될 것이다.

10.5 필름 사진관측

필름 사진관측을 위해 무초점 방법을 사용하고 디지털 사진관측과 똑같은 방법을 수행해 보자. 단일경 반사사진기는 아이피스에 보이는 항성이미지를 그대로 사진찍을 수 있고 그래서 쉽게 이미지의 위치를 찾아낼 수 있다는 이점이 있다. f/14 90mm 막스토브 망원경에 50mm 사진기를 15mm아이피스에 장착하면 성분 별들의 분리를 잘 찍을 수 있다. ISO필름에서 노출시간은 하늘의 밝기에 따라 1/15초에서 1초정도 주면 된다. 음영 사진을 스캔한 다음, 디지털 사진기 인쇄 때 사용한 방법과 똑같은 방법으로 이미지를 분석해본다.

제11장

쌍성의 실제 궤도 투영판

수년에 걸쳐 위치각과 분리거리를 주의깊게 측정해보면, 쌍성계의 주성에 상대적인 반성의 겉보기 궤도가 결정되어 질 수 있다. 겉보기 궤도는 실제궤도를 관측자의 시선방향에 수직인 면에 투영한 궤도이다. 실제 궤도를 서술하는데 사용되는 용어들을 궤도요소라 한다. 궤도요소들은 다음과 같이 정의된다.

a = 장반경

e = 이심률

i = 경사각

P = 주기(년)

T = 근성점의 기산점

Ω = 승교점의 위치각

ω = 근성점 요소

겉보기 궤도와 실제궤도, 궤도요소 Ω, ω그리고 i사이의 관계가 그림 11.1에 제시 되었다.

그림 11.2는 쌍둥이 자리에 있는 카스토르의 겉보기 궤도를 겉보기 타원의 켤레 직경과 함께 그린 그림이다. 타원의 중심으로부터 주성을 거쳐 겉보기

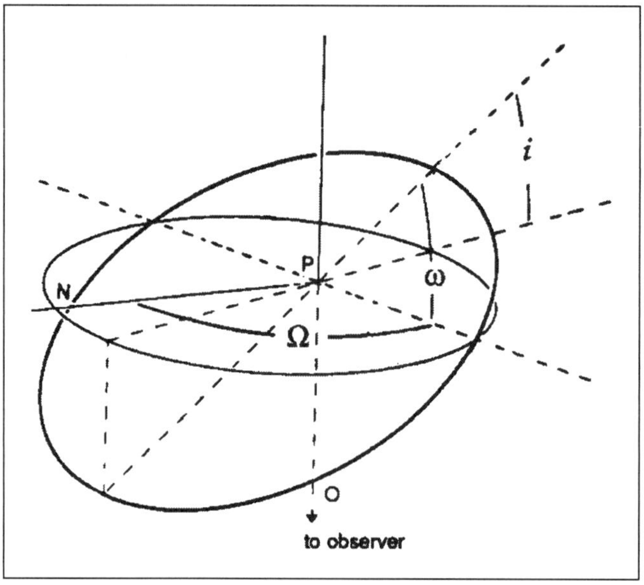

** 그림 11.1 실제 쌍성궤도를 겉보기 궤도면에 투영한 모습

궤도의 근성점까지 이어지는 선 acb를 그려서 켤레 직경의 정의를 시작해본다. 이 선에 평행하고 점 d와 e에서 타원에 접하는 선을 그려본다. 마지막으로 점 d 와 e를 잇는 타원의 중심을 지나가는 선을 그려본다. 선 acb와 선 dce가 켤레직경이다. 실제궤도는 겉보기 궤도를 투영기하 방법으로 켤레 직경들이 서로 수직인 평면에 투영해서 생긴 타원이다.

그림 11.3에 보여진 기구는 분석적 투영보다는 안시적으로 투영을 해보는 기구이다.

이 기구는 2개의 수직인 회전축을 가진 원형 투영판으로 구성된다. 표면은 하얀색 스크린 바탕에 중심을 지나는 수직선과 수평선이 그려져 있다. 이 표면은 1/8 알루미늄 막대로 만들어진 포크형 가지 사이에 고정되어 있다. 스크린의 표면은 수평축의 회전 중심와 일치한다는 것이 중요하다. 포크의 수직축은 2×4 받침에 고정되어 있어서 스크린의 중심이 정사각형의 투영 창의 중심과 일치하게 된다. 포크의 수직축은 나비너트로 고정된 1/4×20 볼트로 구성되어 있다. 정사각형으로 뚫려있는 1/4인치 합판으로 만들어진 투영 창은 포크 중심에서 스크린의 반경보다 약간 멀리 떨어져 있는 곳에 세워진다. 켤레 직

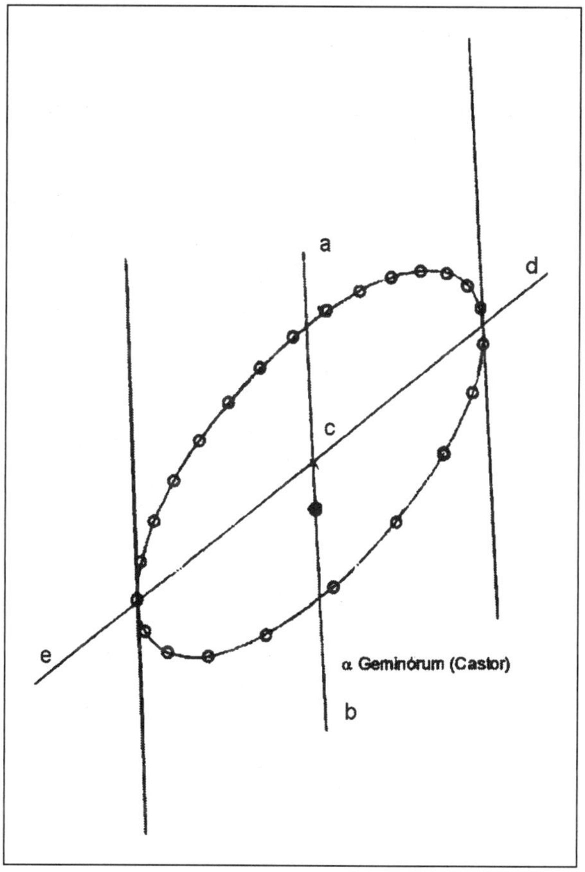

** 그림 11.2 **켤레 직경과 함께 나타낸 카스토르의 겉보기 궤도**

경과 같이 그려진 쌍성의 겉보기 궤도를 투명용지에 복사해서 투영 창에 테이프로 고정시킨다.

그림 11.3에 그려진 투영판에 대해, 투영스크린의 직경은 5.75인치이다. 투영 창의 틀은 8.5×10.5인치이고, 창 크기는 5×5.25인치이다. 하지만 이런 크기는 중요하지 않다. 제작 시 가장 중요한 사항은 스크린의 표면이 포크의 축과 일치해야 한다는 것이다.

궤도는 투명전구를 지닌 고강도 탁상전등으로 투영되어진다. 그림 11.4는 그 과정을 보여준다. 테이프로 궤도 투명판을 투영 창에 부착하되, 궤도의 장축과 스크린의 수평축이 일치하게 하고 또 켤레직경이 교차하는 곳이 스크린

** 그림 11.3 **쌍성의 궤도 투영 판**

의 중심과 일치하게 한다. 그리고 전등 앞에서 약 50cm떨어진 곳에 기구를 설치하고 스크린을 겉보기 궤도의 투영된 켤레 직경이 스크린의 축들과 직각이 될 때까지 양축으로 스크린을 회전시킨다. 이런 일치가 이루어지면, 스크린을 고정시켜보자. 이제 그림 11.5에 제시된 바와 같이 시선방향에 수직인 면에 상대적인 공간에 실제궤도의 방향과 형태를 볼 수 있게 된다.

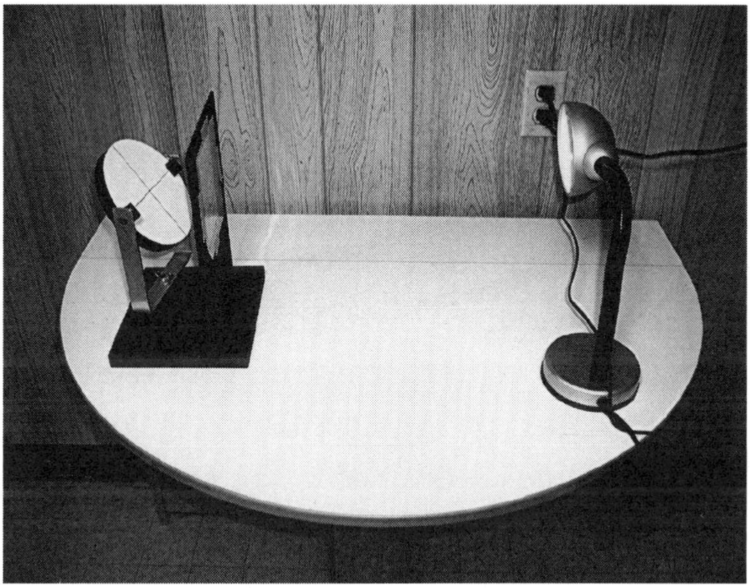

** 그림 11.4 **쌍성궤도의 투영**

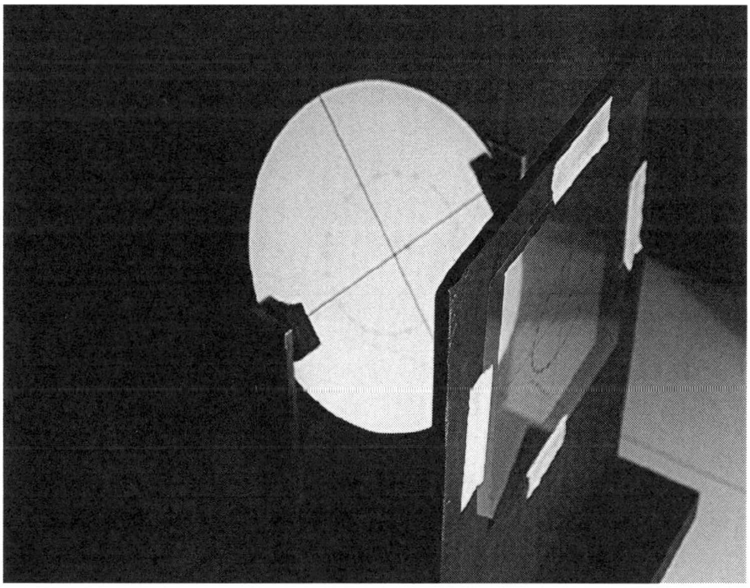

** 그림 11.5 **겉보기 궤도를 실제궤도 평면에 투영하는 모습**

카스토르 궤도와 같은 몇몇 궤도에 대해서는, 실제 궤도의 장반경의 하늘 면에 대한 투영이 궤도의 단반경보다 더 짧아진다. 이는 궤도의 장축에 대한 기울기 때문에 발생된다. 겉보기 궤도의 타원 중심에서 주성을 지나 근성점에 이르는 선은 항상 궤도의 장축이다.

쌍성궤도 투영판은 쌍성의 실제궤도가 어떻게 생겼는가?에 대한 호기심을 풀어줄 수 있다. 과학 교육자들에게는 시범기구로서 특별히 유용한 기구이다.

그림 11.6과 그림 11.7은 알려진 쌍성의 겉보기 궤도를 켤레 직경과 함께 그려놓은 그림들인데, 그림 11.7은 스캔해서 투명복사를 한 다음 투영 판에 사용되어 질수 있다. 쌍성의 궤도요소들로부터 위치각과 분리거리를 계산하는 Basic언어로 작성된 컴퓨터 프로그램이 Norton의 성도 20판의 120쪽에 제시되어 있다. 어떤 특정일에 대한 분리거리와 위치각을 결정하는 소프트웨어를 포함한 CD가 Bob Argyle이 편집한 Observing and Measuring Visual Double Stars 란 책에 부록으로 수록되어 있다. 이런 소프트웨어들은 추가적으로 겉보기 궤도를 그려보는데도 사용될 수 있다. 이 투영 판은 낮은 이심율을 지닌 궤도에 아주 적합하다.

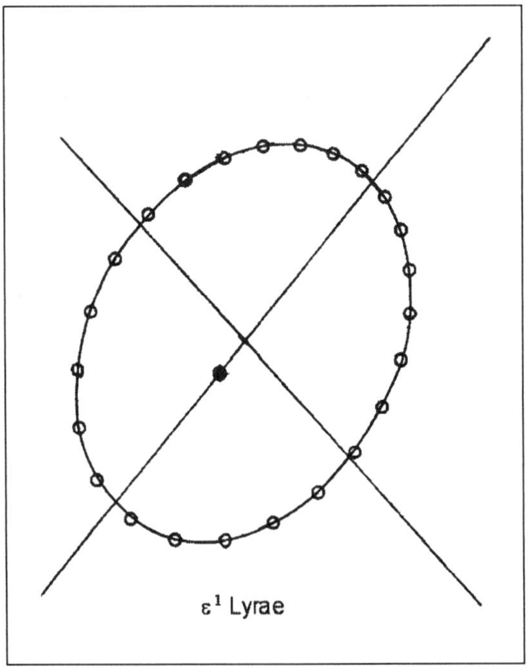

** 그림 11.6 ϵ^1 Lyrae의 겉보기 궤도

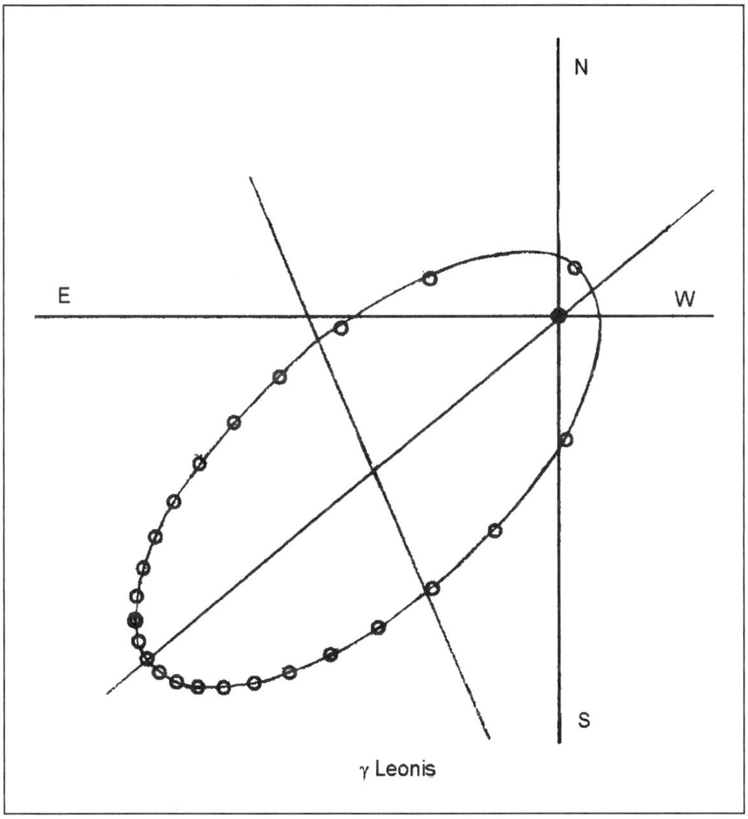

** 그림 11.7 γ Leonis의 겉보기 궤도

제12장

변광성의 안시관측

많은 별들의 밝기가 수 시간에서 수 년에 이르는 주기 동안 변화한다. 이런 변화 중 몇몇은 쌍성의 식 현상에 기인하는 반면, 별들이 진화하면서 스스로 겪게 되는 항성자체 물리적인 고유 성질에 기인하기도 한다. 어떤 별들은 아주 규칙적인 주기로 그 밝기가 변하는 반면, 어떤 별들은 아주 갑자기 예측할 수 없게 변하기도 한다. 이런 별들에 대해, 현재 우리는 100년이 조금 넘는 기간 동안 얻어진 통계적으로 신뢰할만한 데이터 베이스를 가지고 있다. 결과적으로, 1년이 넘는 일정치 않은 변광 주기를 지닌 한 별에 대해 우리는 최고 밝기에서 최소 밝기에 이르는 광도곡선을 100개 정도 가지고 있다. 진화론적 변화를 겪고 있는 한 별에 대해서 이 숫자는 아주 작은 숫자에 불과하다.

우리가 변광성에 대해 알고 있는 것은 상당부분 지난 세기동안 아마추어 천문가들의 꾸준한 관측을 통해 알려졌다. 아마추어 천문가들은 천문학자들에게 방대한 데이터베이스를 제공하여, 이를 기반으로 더 깊은 연구를 구상할 수 있게 해주었다. 미래의 천문학자들도 오늘 모여진 자료들을 가지고 똑같은 일을 하게 될 것이다.

여러 형태의 별들에 대한 현재의 관측들이 높은 정확도를 제공하는 정교한 측광기를 장착한 대형 망원경에 의해 최상의 수준으로 이루어지고 있지만, 큰 망원경을 사용하기에는 시간낭비이고 돈 낭비인 몇몇 부류의 밝은 변광성들이 있다. 5등급의 변화를 일으키는 6등급의 별을 800mm 망원경으로 0.01등급의 정확도로 관측하는 것은 의미가 없다. 경험있는 관측자는 80mm망원경으로 0.1등급에서 0.2등급의 정확도로 이런 별들의 주기성과 광도곡선의 진폭을 알아낼 수 있다. 이런 관측들을 많이 해서 모여진 자료들은 이런 별들에 대해 통계적으로 신뢰할 만한 광도곡선을 제공해준다.

소형망원경 관측자에게 특히 적합한 변광성의 부류 중 하나는 장주기 미라형 항성들인데, 이들 중 많은 별들이 80mm 굴절망원경으로 관측되어 광도곡선이 얻어질 수 있다. 특별히 긴 장주기변광성의 밝기 영역은 10등급정도가 될 수 있다. 이들의 주기는 수개월에서 1년을 넘어서기도 한다. 이들은 17세기에 변광성으로 발견된 omicron Ceti변광성의 이름대로 omicron Ceti형 변광성이라 명명되었다. 이 별들에게 300일의 주기에 걸쳐 없어졌다가 다시 나타나고 또 없어지는 놀랄만한 능력을 지니고 있다는 뜻을 지닌 Mira라는 이름이 부여 되었다.

미라형 변광성은 모두 행성상 성운으로 진화되어 가는 적색 거성으로 믿어지고 있다. 그들의 등급변화의 진폭은 일정하지 않으며, 인접한 최대밝기 사이에서 3등급 또는 4등급의 차이를 보이기도 한다. 이들의 주기는 사이클에서 다음 사이클까지 15%정도 변하기도 한다. 미라형 변광성 중 몇 개만이 20세기 동안 주기를 꾸준히 감소하고 있음을 보여주었을 뿐이다.

12.1 망원경

변광성의 등급은 등급이 알려진 별들과 비교하여 안시적으로 측정한다. 결과적으로, 그런 작업을 하기 위해서는 망원경을 움직이지 않거나 조금 움직여서 비교성이 관측될 수 있도록 광시야가 필요하다. 어떤 망원경들은 이런 기능을 제공하지만, 긴 초점거리 망원경들에서는 제한된 시야 때문에 이런 작업을 하기 힘들다. 긴 초점거리 망원경을 사용하고 있다면 보통의 30mm 파인더를 50mm구경을 지닌 파인더로 교체하는 것이 유용할 수 있다. 그러면 변광성을 쉽게 찾아낼 수 있다.

12.2 관측준비

처음에 관측자는 쉽게 찾을 수 있고, 또 관측하는 동안 최고 밝기에 접근하게 될 몇 개의 장주기 변광성 목록을 만들어야 한다(표 12.1). 80mm 굴절망원경에 대해, 이 별들은 최고밝기가 8등급보다 더 밝아야 한다. 이런 별들은 최고 밝기에 도달 했을 때, 붉그스레한 색이 분명해지고 그래서 보통 시야에서 다른 별들보다 돋보이게 된다. 최고밝기를 보이는 변광성의 목록이 매달 Sky and Telescope, Astronomy Now 그리고 다른 천문잡지 등에 공개된다. AAVSO는 매년 Bulletin 68을 발간하는데, 여기에는 장주기 변광성의 최대밝기가 포괄적으로 수록되어 있다. RASC 관측자 핸드북의 2005년판에는 8등급보다 밝은 최고밝기를 보이는 62개의 장주기 변광성목록이 수록되었다.

관측하고 싶은 별을 결정하고 난 후에는, 그 별과 비교 성을 찾아볼 필요가 있다. 이 작업을 위해서는 성도가 필요하다. 적당한 소프트웨어를 가지고 여러분 자신의 성도를 만들어 볼 수 있는데, Guide 8.0은 아주 훌륭한 프로그램이다. 이 프로그램은 망원경시야에 맞는 성도를 만들고, 변광성을 표시하고,

** 표 12.1 몇 몇 장주기 변광성들

Star	RA	Decl.	Max.
R And	00^h24^m	+38°	5.8
S Scl	00^h15^m	-32°	5.3
U Ori	00^h56^m	+20°	4.8
O Cet	02^h19^m	-03°	2.0
R Vir	12^h39^m	+07°	6.1
T UMa	12^h31^m	+60°	7.7
S UMa	12^h39^m	+61°	7.8
S Vir	13^h27^m	+06°	7.0
R Hya	13^h49^m	-23°17'	3.5
R Cen	14^h17^m	-59°55'	5.3
R Nor	15^h36^m	-49°30'	5.0
X Oph	18^h38^m	+08°50'	5.9
R Aql	19^h01^m	+08°14'	6.1
T Cep	21^h08^m	+68°29'	5.2
R Aqr	23^h38^m	+15°17'	6.5
R Cas	23^h58^m	+51°24'	4.7

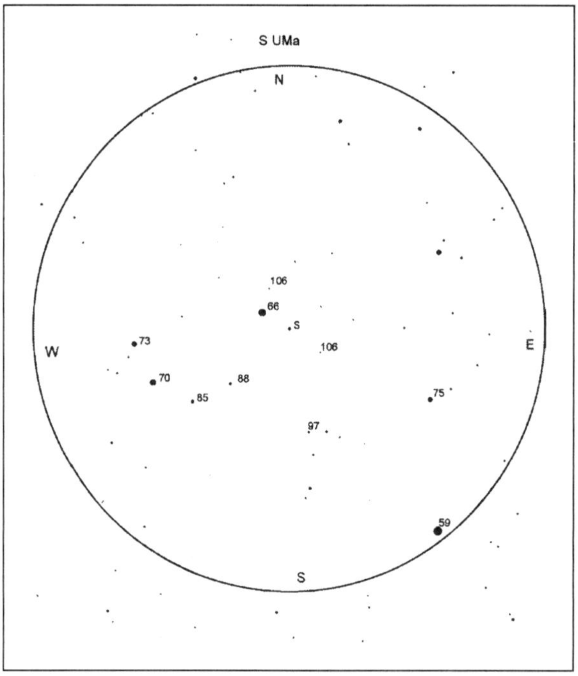

** 그림 12.1 **S UMa의 파인딩 맵**

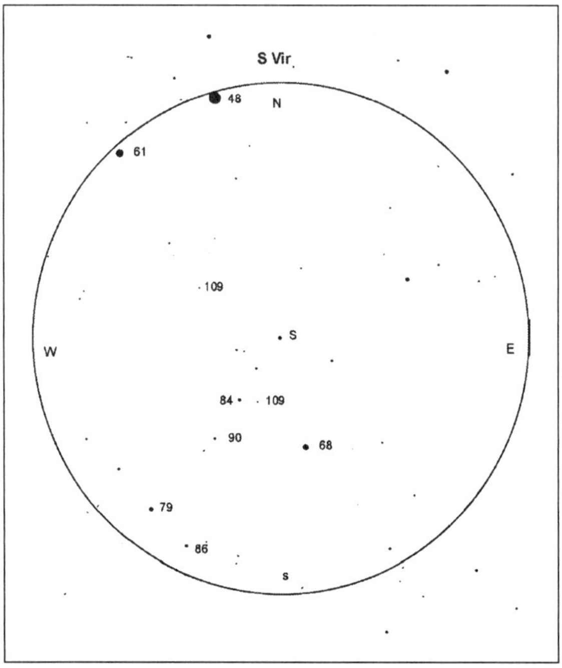

** 그림 12.2 **S Vir의 파인딩 맵**

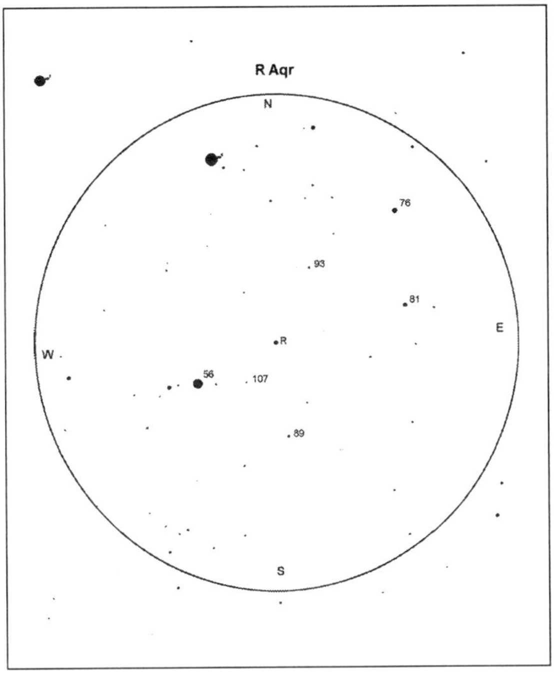

** 그림 12.3 R Aqr의 파인딩 맵

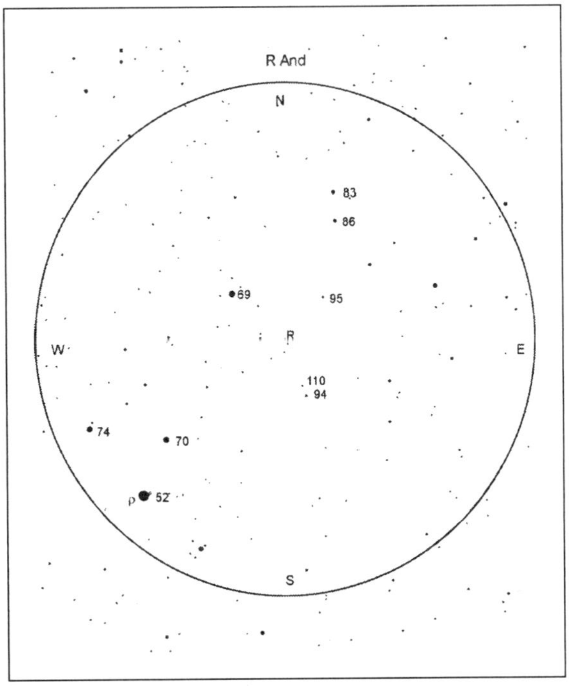

** 그림 12.4 R And의 파인딩 맵

비교성의 등급을 알려주고 또 여러분이 사용하는 망원경의 한계등급을 설정해준다. 표준 성도는 AAVSO나 다른 단체의 웹사이트에서 다운로드 받을 수 있다. 직각 프리즘이 장착된 굴절망원경이나 막스토브-카세그레인 망원경을 사용하고 있다면, 성도를 만들거나 선택할 때 시야에서 동서가 바뀐다는 것을 염두에 두어야 한다.

Guide 8.0으로 만들어서 몇 개의 미라형 변광성에 대한 AAVSO 표준 성도 등급을 표시한 성도를 그림 12.1에서 그림 12.4에 제시하였다. 성도에서 원은 2°.5의 시야에 해당한다. 별들과 혼동을 피하기 위해 소숫점은 등급에 표시하지 않았다. 예를 들어 1065는 10.65등급을 말한다. 관측을 시작하기 전에 프로그램에서 관측하는 날에 대해 각 변광성 근처에 있는 밝은 별들의 적경과 적위목록을 만들어 보자. 이는 각 별들을 찾는데 유용할 것이다.

12.3 관측 해보기

관측을 할 때는 여러분의 망원경이 천구의 극과 잘 맞춰져있는지 확인해보자. 때로 변광성은 같은 적경과 적위를 지닌 밝은 별 근처에 놓여있다. 이 경우에는, 성도의 시야와 비슷한 별들의 모습이 보일 때까지 망원경을 적경 쪽이나 적위 쪽으로 살짝 움직여 보자. 그렇지 않으면, 적경적위 조절판을 사용할 필요가 있다. EQ2의 조절판이나 작은 망원경의 가대들이 작다 할지라도, 이들은 2장에 제안된 대로 약간 개조하면 충분히 사용할 수 있다. 관측 성 근처에 있는 밝은 별을 아이피스의 중심에 오게 하고 그때의 적경과 적위를 그리고 관측할 변광성의 좌표와 함께 적어보자. 밝은 별과 변광성의 적경차이만큼 적경적위 조절판을 읽어가며 망원경을 움직여 보자. 적위에 대해서도 똑같이 해본다. 이 작업을 충분히 잘 마쳤다면, 변광성이 f/5굴절망원경의 25mm아이피스의 2°.5시야 안에 들어올 것이다. 보이는 시야가 준비해놓은 성도와 비슷하지 않다면, 비슷하게 될 때까지 망원경을 조금 움직여보라. 망원경의 자동추적장치를 끄고 수동으로 망원경을 움직이는 것이 좋다.

변광성을 확실하게 찾았다고 생각되면, 같은 밝기의 비교성을 바라보라. 망원경을 약간 움직여야 할지도 모른다. 3개의 비교성을 찾아보자. 가능하다면, 적어도 하나는 변광성보다 더 밝고, 다른 하나는 변광성보다 더 어두운 것으로 찾아본다. 비교성들의 등급과 비교해서 변광성의 등급을 추정해본다.

비교성을 하나 선택하고, 망원경의 대각선을 잘 조절해서 이 비교성과 변광성이 수평으로 놓이도록 해보자. 상당한 시간동안 변광성과 비교성을 시선을 집중해보면 붉은 변광성이 놀랄만하게 밝아지는 것을 느끼게 될 것이다. 시야의 가장자리에 있는 별들은 광학효과에 의해 어쩔 수 없이 약간 찌그러지거나 어두워지게 될 것이다. 더 정확하게 비교해보기 위해 그 별들이 시야의 중심에 놓이게 해보자. 비교를 하기에 충분한 시간동안 별들을 바라보자. 한 번 오랫동안 쳐다보는 것보다는 조금씩 여러 번 바라보는 것이 좋다. 망원경의 한계등급 근처에 있는 별들의 등급을 측정하면 신뢰할만한 자료가 되지 않기 때문에 그런 시도는 하지 않는 것이 좋다. 예를 들어, 망원경의 한계등급이 11.3이라면, 10등급보다 어두운 별들의 등급을 측정하지 않는 것이 좋다.

변광성의 이름과 명칭, 관측일과 관측시간 UT, 추정한 등급과 비교성들의 등급들을 기입해본다. 또한 관측에 영향을 주었을 것 같은 달빛, 주변의 빛, 안개 와 낮은 시상 등에 대해 기록한다.

관측한 날짜와 UT는 JD로 변환되어져야 한다. JD는 AAVSO나 비슷한 연관 웹사이트에서 다운로드받을 수 있다. Guide 8.0소프트웨어에서 [Time Setting] 메뉴로 들어가서 변환할 수도 있다.

관측이 끝났다면, AAVSO의 빨리보기 파일에 들어가서 같은 날에 다른 관측자들이 측정한 자료들과 비교해보아 측정된 자료의 정확도를 확인해보자. 다른 사람의 결과들과 다르다고 의기소침할 필요는 없다. 여러분의 결과가 그들의 결과들과 등급에서 수 십%다르다 할지라도, 여러 관측자들로부터 자료를 모으는 목적이 그 변광성의 광도곡선을 위한 통계적인 데이터베이스를 구축함이라는 사실을 기억해보자. 보고된 모든 관측들은 그 신빙성검토를 거친다는 사실을 기억해보자. 여러분의 결과가 1등급이상의 차이가 난다면 아마 다른 별을 측정했을 것이다. 여러분들이 변광성이 위치한 영역에 익숙하지 않거나 서툴게 측정하였다면 충분히 이런 일이 일어난다. 용기를 잃지 말자. 다른 날에 다시 관측을 한번 시도해보자. 적어도 평균 측정값이 0.2 등급의 정확도를 지닐 수 있도록 노력해 보자.

변광성을 측정하는 능력에 확신이 생긴다면, AAVSO나 이와 비슷한 단체에 가입하여 관측결과를 보고하는 것을 고려해보자. 이런 단체들은 여러분들에게 측정과정과 보고 형식에 대한 더 광범위한 안내를 해줄 것이다. 여러분의 관측들을 온라인으로 보고할 수도 있게 될 것이다. 그 자료들은 이제 국제적인 데이터베이스의 한 부분이 될 것이다.

처음에는 몇 개의 밝은 변광성에 집중해서 그 변광성에 익숙해지고 또 그들을 쉽게 찾을 수 있는 단계가 되도록 노력해보자. 하루 밤 내내 새로운 별들을 찾느라 시간을 허비하여 그들 중 어느 것도 측정할 수 없게 되는 것보다 한번 관측할 때 4개나 5개정도의 좋은 측정을 하는 것이 더 낫다. 여러분의 관측시간이 제한되어있다면, 이 방법이 특히 유용하다. 각 관측 일에 우선 관측목록을 갖고 있는 것이 좋다.

장주기 변광성들에 약간의 경험이 생겨난 후에, 여러분들의 관측기기의 능력이 허락하는 한도 내에서 다른 종류의 변광성으로 관측프로그램을 확장해 볼 수 있다. 거기에는 식쌍성, 분출변광성과 불규칙변광성들이 포함될 수 있다. 변광성 연구에 기여한 더 자세한 정보들이 이 책의 뒷부분에 수록되어 있다.

제13장

변광성의 사진관측

장주기 변광성의 정확한 측정은 디지털 사진기로 수행되어 질 수 있다. 디지털 사진관측은 또한 변광성이 망원경의 안시 한계보다 더 어두어졌을 때도 가능하다는 이점이 있다. 80mm 굴절망원경으로 안시관측 한계등급이 10등급인데 반해 30초 노출한 사진은 11.5등급보다 더 어두운 별들을 신빙성 있게 관측해 낼 수 있다. 사진기는 또한 별 광도곡선의 영구적인 안시기록을 제공해 준다.

변광성 주변의 디지털 사진을 찍기 위해서는 가장 큰 시야의 저배율 아이피스를 사용한다. 여기서는 f/5 80mm 굴절망원경에 52° 겉보기 시야를 지닌 25mm Plossel 아이피스를 사용해 보았다. 망원경의 추적장치가 켜져 있고, 초점이 맞춰져 있으며 아이피스의 중앙에 변광성이 들어와 있는지 확인해 본다. 초점 조절장치를 잠그고, 아이피스를 빼낸 다음 사진기를 부착한다. 사진기를 ISO400으로 설정하고 잡음이 발생하지 않는 한 가장 긴 노출을 사용한다. 사용되는 사진기의 기능에 따라 리모콘 셔터 또는 셀프타이머를 사용한다. 사진기의 스크린에는 아무 것도 보이지 않을 수도 있다. 반면, 망원경이 가대에 안전하고 정밀하게 설치되어 있고 또 망원경이 움직이지 않도록 주의를 기울인다면 사진기의 넓은 시야에 변광성과 비교성 들을 다 볼 수 있을 것이다.

13.1 이미지 처리

변광성의 디지털 사진을 인쇄할 때는 절대 컴퓨터로 밝기의 색 대비를 증가시키지 말자. 왜냐면 등급대비 이미지 밝기가 선형적으로 변하기 때문이다. 어두운 별들은 더 밝은 별보다 더 증가되게 될 것이다. 사진을 인쇄하고 뒷면에 안시관측에서 보고했던 것과 똑같은 정보를 적어놓자. 여러분의 디지털 사진을 모아놓는 저장장치에 이 그림을 저장해 놓는다. 이제 여러분들은 나중에 참고로 사용할 수 있는 장주기 변광성의 영구적인 사진기록을 보유하게 되었다.

13.2 측정방법

등급은 별 이미지의 직경과 그 등급 사이에 존재하는 선형관계에 기인하여 측정된다. 그림 13.1은 그림도구를 파는 상점에서 구해질 수 있는 원형으로 구성된 보정 눈금자이다. 원은 5/16인치에서 1/16인치까지 1/64인치간격으로 직경이 선형적으로 감소되고 있다.

이 눈금자는 두꺼운 흰색도화지에 템플렛을 올려놓고 검정색 잉크로 색칠해서 만들어졌다. 그리고 컴퓨터로 스캔해서 흑백 색 반전을 하였다. 눈금의 길이는 프린트할 때 컴퓨터의 이미지 처리프로그램의 [image size]기능을 이용하여 적당하게 조절되었다. 눈금 이미지의 번호는 1부터 시작한다.

여러분이 원한다면 이 책에 있는 눈금을 스캔해서 사용할 수 있다. 다음에 사용하기 위해 스캔한 눈금이미지를 변광성 자료저장장치에 저장해 놓자.

눈금자를 이용하기 위해서는, 인쇄된 눈금이미지를 흑백반전을 시킨 후 별 이미지를 확대하여 이미지의 직경이 눈금자의 크기 내에 놓이도록 한다. 잘라낸 인쇄이미지에 적어도 4개의 비교성이 놓이게 하되, 렌즈수차 때문에 상이 일그러지는 이미지의 바깥영역은 제외시켜보자. 대게 인쇄영역의 중앙에서 1.5° 직경 영역이 포함되게 된다.

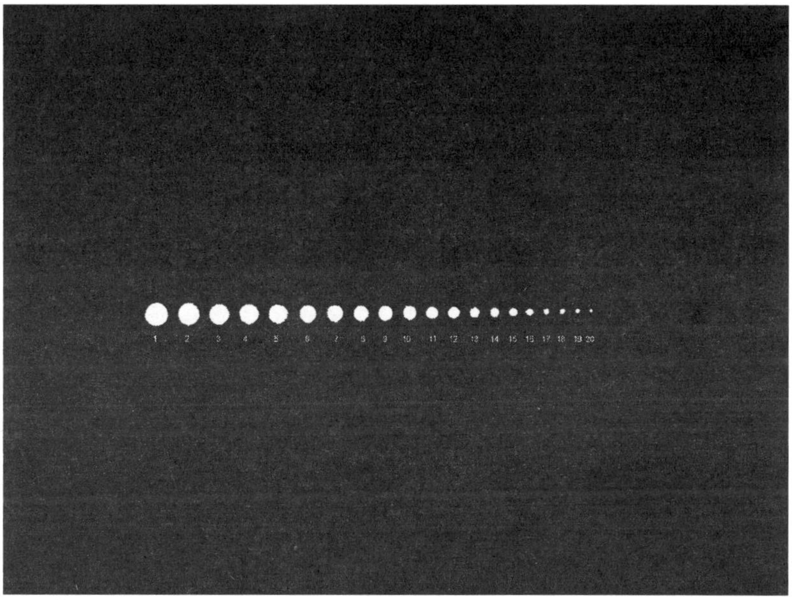

** 그림 13.1 **변광성 등급측정을 위한 눈금자**

눈금이미지들은 효과적인 가상의 별 이미지들 인데, 비교 성들과 변광성들이 이 가상 이미지늘에 비교가 된다. 이 가상의 별 이미지들에 부여된 숫자들은 등급이 아니라 단위가 없는 측정 기준역할을 한다. 사진관측 이미지들은 이 눈금영역을 벗어날 수도 있다. 모든 비교 성들이 상당히 어두울 때 이런 현상이 일어난다. 그럼에도 불구하고, 비교 성들의 크기들이 눈금자 크기의 영역과 맞아야 한다.

눈금자는 긴 조각으로 잘라져서 한 눈금이미지가 측정하고자 하는 별이미지 근처에 놓여 질 수 있어야 한다. 별 근처에 수직으로 옆에 놓이게 하는 것보다는 수평으로 옆에 놓이게 하는 것이 좋다.

13.3 측정하기

측정을 하기위해, 눈금자를 그림 13.2와 같이 비교성 옆에 놓고 별 이미지와 비슷한 눈금자 이미지를 측정한다. 두 개의 눈금자 이미지 사이에 있다고 측정되면 두 개 중 밝은 것의 숫자에 0.5를 더하라. 비교성 영역을 변광성 주변 영역에서 가능한 한 넓게 측정하고 또 변광성에 대해서도 같은 측정을 해보자. 광학수차 때문에 찌그러진 것 같은 이미지들을 포함시키지 않는다. AAVSO나 컴퓨터 표준성도를 이용하여 여러분이 측정한 각 비교성들의 등급을 기록해본다.

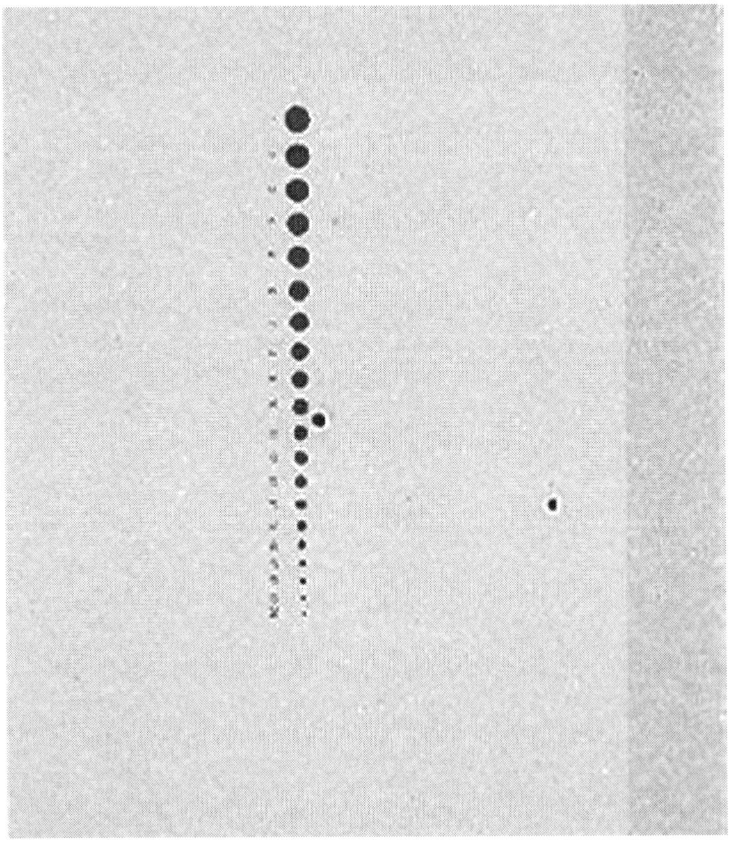

** 그림 13.2 **눈금자 사용하기**

13.4 자료 분석

직각좌표가 그려진 종이를 이용하여 비교성의 등급과 이미지 눈금번호가 그려진 그림을 그려보고 관측된 점들을 가장 잘 대표하는 선(best-fit line)을 그려 보자. 관측된 등급을 결정하기 위해 그 선에서 변광성에 해당하는 눈금의 값을 표시한다. 선형회귀(linear regression)모드가 있는 과학연산 계산기가 있다면, 계산기에 자료들을 기입하여 변광성의 등급을 직접 구해낼 수 있다.

그림 13.3은 JD2453647.7에 Chi Cygni의 디지털 사진으로부터 얻어진 자료들의 그림이다. 사진은 f/5 80mm 굴절망원경에 5M픽셀 사진기를 이용하여 얻어졌다. 같은 날 밤에 찍은 3개의 서로 다른 사진에서 측정된 값들의 평균은 9.0등급이고 표준편차는 0.08등급이다. 각 그림에 대한 선형 상관관계는 1.0이다. AAVSO 성도가 비교 성들에 대해 사용되었고 선형회귀 계산이 각 이미지들로부터 Chi Cygni의 등급을 결정하는데 사용되었다.

이 자료에 대한 AAVSO 빨리보기 파일에 보고된 측정의 평균값은 9.1이고 표준편차는 0.09등급이다. 이 값은 표준 안시관측방법을 사용한 관측들의 값

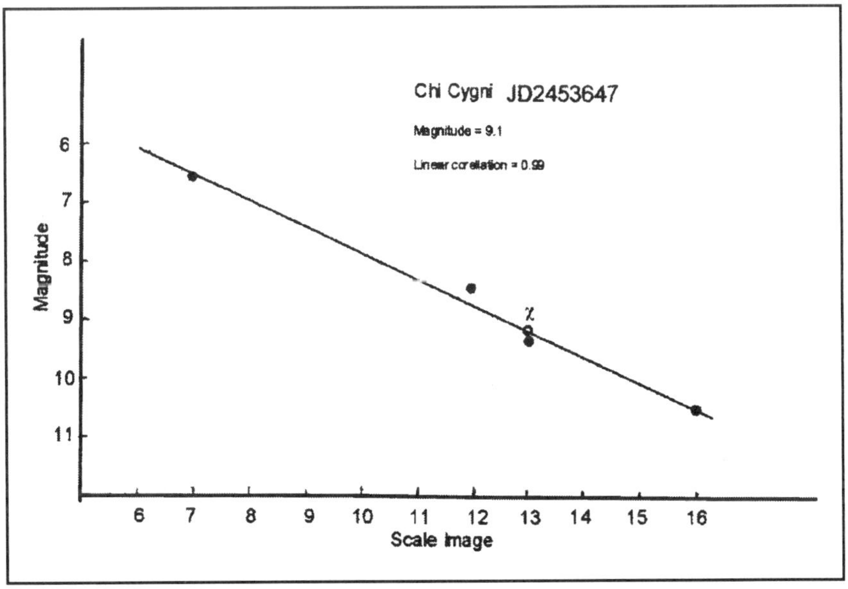

** 그림 13.3 Chi Cygni의 등급과 눈금자 이미지 숫자

** 표 13.1 S UMa에 대해 보고된 등급 들

Julian Date	Magnitude
2453642	7.8
2453643	8.0
2453645	8.2
2453645	8.2

들을 포함하고 있다. JD 2453646과 JD 2453647에 관측들을 보고한 6명의 관측자들에 대해, 결과는 8.98이고 표준편차는 0.33등급이었다.

그림 13.4는 2005년 9월 29일(JD 2453642.7)에 변광성 S UMa의 관측그림이다. 5개의 비교성에 대한 선형회귀 분석은 S UMa의 등급이 8.0임을 보여주고, 이들의 선형 관계도는 0.98임을 나타내었다. S UMa의 등급에 대해 안시관측 측정에 대한 AAVSO 빨리 보기 파일에 보고된 값들이 표 13.1에 제시되었다. 이들의 평균값은 8.05이고 표준편차는 0.17등급이다.

변광성에 대한 사진관측 측정에 대해, 디지털 사진기는 필름사진기 보다 몇 가지 중요한 이점을 지니고 있다. 디지털 사진기의 선형 반응도와 더 큰 감도

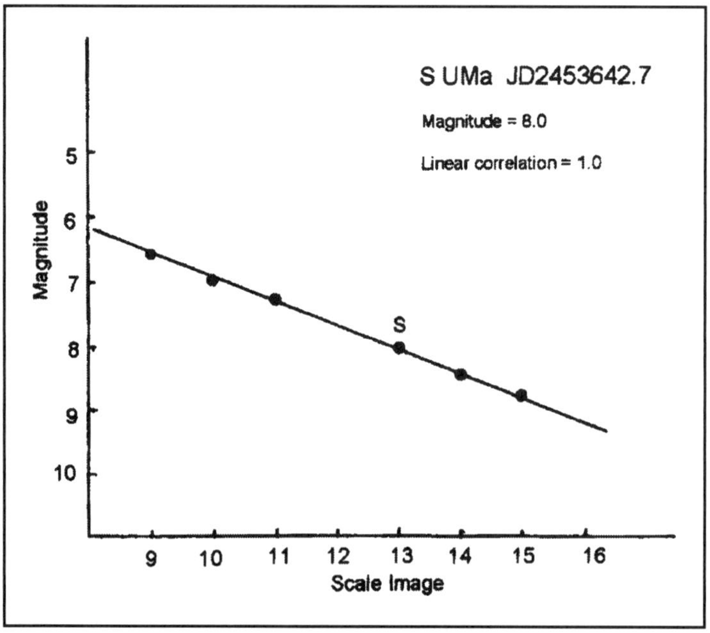

** 그림 13.4 S UMa의 등급과 눈금자 이미지 숫자

는 짧은 시간에 더 어두운 별들을 관측 가능하게 해준다. 여기에 기술된 방법을 이용하면 안시관측에서 최상으로 얻어질 수 있는 자료와 일치하며 정확한 결과를 얻어낼 수 있다.

13.5 필름 사진관측

등급과 별 이미지 직경의 그림은 필름사진인화에 대해서는 선형이 아니다. 더구나, 반응곡선의 형태는 사용된 필름에 따라 달라진다. 결과적으로, 디지털 사진이미지에 대해 여기서 기술된 분석방법은 필름 사진관측에는 적합하지 않다.

그러나, 등급측정은 안시관측 측정이 아이피스에서 이루어진 것과 같은 방법으로 인쇄된 필름사진으로부터 수행되어 질 수 있다. 또, 필름사진관측은 소형망원경의 안시한계등급보다 어두운 별들을 관측할 수 있다는 이점이 있다. 200mm 망원렌즈로 ISO 400필름으로 2분 노출하면 13등급의 별까지 찍을 수 있다.

흑백필름은 푸른색에서 감도가 더 좋지만, 미라형 변광성은 붉은 색이다. 결과적으로, 필름 측정에서 얻어진 등급들은 붉은 색이 더 잘 보이는 안시관측의 결과와 다르다. 노랑색 필터를 사용하여 안시관측의 등급과 대략 접근하는 값을 얻을 수 있다. 필름에서 측정된 등급의 보고를 하려면 사진관측을 한 자료인지와 필터가 사용되어 관측되었는지의 여부를 포함하여 보고하여야 한다.

제14장

성단과 성운

단 초점 저배율망원경은 성운과 성단을 관측하는데 최고로 좋다는 견해가 꼭 맞는 것은 아니다. 최고의 시야와 배율조합은 어떤 천체를 관측하는가에 따라 달라진다. 예를 들어, 페르세우스 이중성단(그림 5.1)은 f/5 80mm 망원경에 25mm 아이피스를 이용하면 멋지게 볼 수 있다. 반면, 구상성단과 행성상 성운은 f/11 80mm 굴절망원경에 100×에서 최고로 잘 볼 수 있다. 낮은 초점비의 망원경은 넓은 시야의 은하수, 넓게 퍼져있는 성단들, 그리고 이들 천체들의 디지털 사진관측에 이점이 있다.

실제 가장 최고의 관측기기는 여러분이 가지고 있는 망원경이다. 여기에 다루어진 어떤 소형망원경이라도 밝은 성단들, 성운과 은하들에 대한 흥미로운 볼거리들을 제공해 줄 수 있다. 여러분들에게 필요한 것은 단지 어둡고 청명하고 달 없는 밤이다.

1784년에 메시에(Charles Messier)는 혜성으로 잘 못 알려질 수 있는 천체들의 목록을 제공하기 위해 103개의 성단과 성운목록을 보고하였다. 20세기 초반까지, 이들 천체들에 대한 모든 안시관측 기록들은 그들이 스케치해서 관측한 것을 인내심을 가지고 재생하였던 천문학자들에 의해 만들어졌다.

** 표 14.1 메시에 천체들

Designation	RA	Decl.	Magnitude	Description
M 31	0^h42^m	+41°16'	3.4	Galaxy in Andromeda
M 1	5^h35^m	+22°01'	8.4	Crab nebula in aurus
M 42	5^h35^m	−5°27'		Orion nebula
M 81	9^h56^m	+69°04'	6.9	Spiral galaxy
M 82	9^h56^m	+69°41'	8.4	Galaxy
M 51	13^h13^m	+47°12'	8.4	Whirlpool galaxy
M 101	14^h03^m	+54°21'	7.9	Pinwheel galaxy
M 57	18^h54^m	+33°02'	8.8	Ring nebula in Lyrae
M 27	$19^h59.6^m$	+22°43'	7.3	Dumbell nebula

그림 14.1은 하버드 천문대 초대 대장인 본드(W.C. Bond)가 19세기 중반에 찍은 오리온 성운(M41)의 스케치이다. 이는 캠브릿지의 15인치 하버드 굴절망원경으로 여러 시간에 걸친 관측의 결과인데, 이 망원경은 러시아의 풀코바 망원경과 함께 당대 세계 최대 굴절망원경의 영광을 누렸었다.

현대적인 소형망원경으로 본 모습과 당대 세계 최대 망원경 중의 하나를 사용한 19세기 대 관측자의 한 사람에 의해 그려진 스케치가 어떻게 비교되는지를 살펴보는 것도 흥미롭다. 표 14.1은 소형 망원경으로 관측되어 질 수 있는 밝은 메시에 천체들의 목록이다.

14.1 성단들의 디지털 사진관측

오리온자리 거대성운인 밝은 성운 M42를 제외하고, 성운과 은하들은 넓게 퍼져있는 희미한 천체들이기 때문에, 소형망원경을 이용한 디지털 사진관측은 눈으로 볼 수 있는 것보다 더 많은 것들을 보여줄 것이다. 일반적으로 고정된 렌즈를 지닌 디지털 사진기는 필요한 장시간 노출에 대해 충분한 잡음 감력을 지니고 있지 못하다. 디지털 단일 렌즈 반사경 사진기가 800이상의 ISO 속도, 6M에서 8M 픽셀의 분해능 그리고 더 긴 낮은 잡음의 노출시간에 사용될 수 있지만, 이 책의 목적으로 이들을 사용하기에는 너무 비싸다.

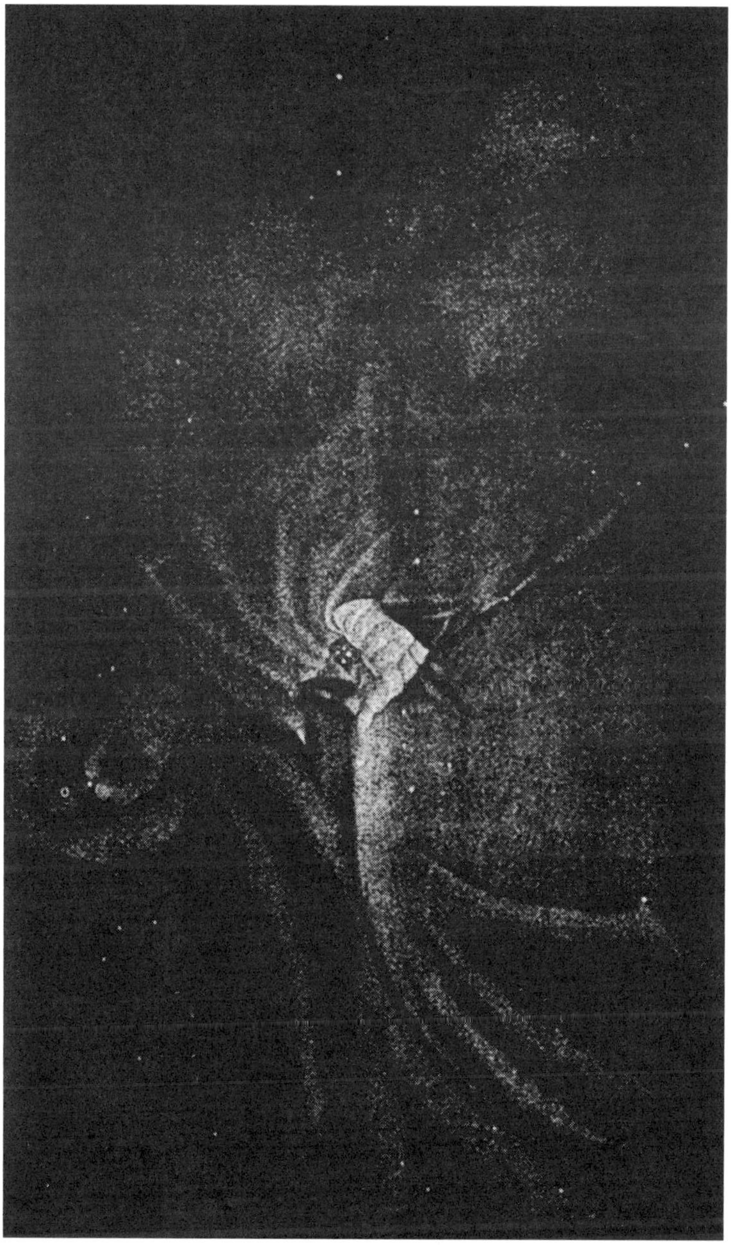

** 그림 14.1 **본드에 의해 그려진 오리온 자리의 M42**

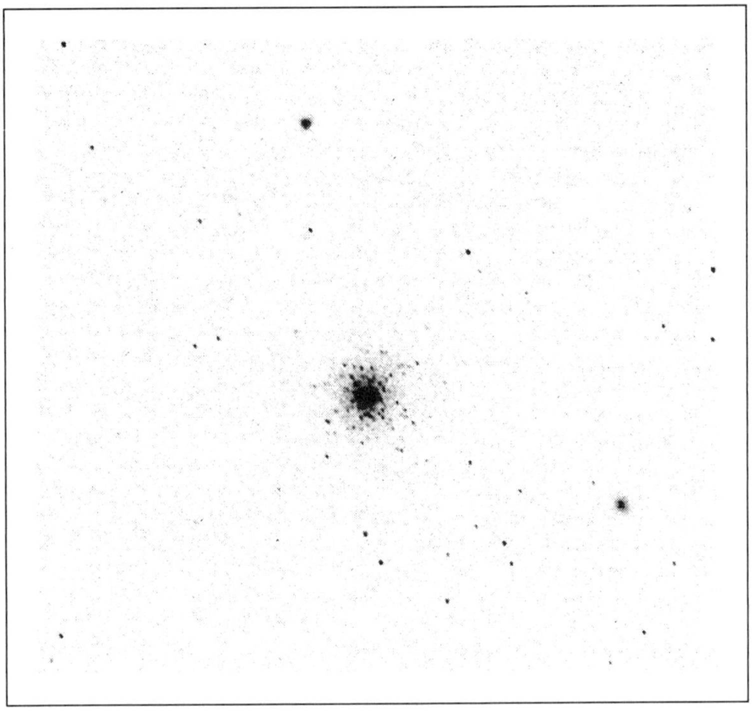

** 그림 14.2 **f/5 80mm 굴절망원경으로 찍은 구상성단 M13의 디지털 사진**

그러나 성단들은 아주 많은 점광원으로 구성되어 있어서 고정 렌즈 디지털 사진기로 30초 노출을 하면 망원경에서 눈으로 볼 수 있는 것보다 훨씬 많은 것들을 볼 수 있다. 예를 들어, 그림 14.2는 f/6 80mm굴절망원경으로 헤르쿨레스 자리의 구상성단 M13을 30초 노출해서 찍은 사진이다. 안시 적으로 볼 때, 망원경에서 이 성단은 어떤 특별한 특징도 없는 밝은 원형 빛 덩이로 보인다.

일반적으로 성단은 구상성단과 산개성단의 두 가지가 있다. 구상성단은 우리은하 면 주변의 헤일로에 놓여 있는 10,000개 이상 별들의 구형 집합체이다. 이들은 우리 은하에서 가장 늙은 별들로 구성되어 있다. 산개성단은 우리 은하면에서 형성되어 서로 약한 중력적 영향을 미치고 있는 별들의 집단이다. 표 14.2는 소형 망원경 디지털 사진관측에 적합한 몇몇의 성단들의 목록이다.

성운과 성단들의 장시간 노출 사진관측에 대해, 단 초점 망원경(f/5)이 잘 사용되어지고 정확한 극축 맞추기가 기본적이다. 이는 별 이미지를 퍼지게

** 표 14.2 디지털 사진관측을 위한 성단 들

Designation	RA	Decl.	Magnitude	Description
M 13	16^h42^m	+36°26'	5.9	Globular Cluster
M 12	16^h47^m	−1°57'	6.6	Globular Cluster
M 10	16^h57^m	−4°06'	6.6	Globular Cluster
M 92	17^h17^m	+43°08'	6.5	Globular Cluster
M 15	21^h30^m	+12°10'	6.3	Globular Cluster
2802 Car	09^h12^m	−64°52'	6.3	Globular Cluster
3201 Vel	10^h18^m	−46°25'	6.7	Globular Cluster
ω Centauri	13^h27^m	−47°29'	3.7	Globular Cluster
NGC 884, 869	02^h20^m	+57°08'	4.4	Double Cluster in Perseus
M 34	02^h42^m	+42°47'	5.2	Open Cluster
M 45	03^h47^m	+24°07'	1.2	Pleiades
M 38	05^h50^m	+32°08'	6.4	Open Cluster
M 36	05^h36^m	+34°08'	6.0	Open Cluster
M 37	05^h52^m	+32°33'	5.6	Open Cluster
M 44	08^h40^m	+20°00'		Beehive Cluster in Cancer
M 29	20^h24^m	+38°32'	6.6	Open Cluster
M 39	21^h32^m	+48°26'	4.6	Open Cluster
M 52	23^h24^m	+61°35'	6.9	Open Cluster
4755 Cru	12^h54^m	−60°20'	4.2	Jewel Box
M 6	17^h40^m	−32°13'	4.2	Butterfly Cluster
M 7	17^h54^m	−34°49'	3.3	Open Cluster

하지 않고 30초 노출 사진을 찍을 수 있다. 변광성 사진관측에 대해 9장에 서술된 것과 같은 과정으로 사진관측을 해보자.

다운로드 된 사진의 색 대비를 증가시켜보면 더 희미한 별들이 보이게 된다. 이들 천체들에 대해, 사진기 반응의 선형도 유지는 큰 문제가 되지 않는다. 그러나, 색 대비를 너무 증가시키면, 전자 잡음의 양이 상당히 커지게 될 것이다.

본드 부자(W.C. Bond와 그의 아들 G.P. Bond)는 1850년대에 최초의 은판사진이미지를 얻어냈다. 이들에게 캠브리지의 380mm 굴절망원경으로 베가를 관측하는데 20초의 노출이 필요했다. 이것을 소형망원경에서 여러분의 디지털 사진기를 사용하여 성단을 관측하는 15초 노출과 비교해 보자.

제15장

플레아데스 성단의 색-등급 도

광원이 점점 뜨거워지면서 별은 더 밝아지고, 그래서 색은 스펙트럼의 푸른색 쪽으로 이동하게 된다. 붉은 별은 약 4000K정도의 온도를 지니는 반면 푸른 별의 온도는 15,000K을 능가한다. 별의 색깔에 대해 정량적인 측정은 그래서 온도 가늠자가 되는데 이를 색지수라 한다. 색지수는 스펙트럼의 서로 다른 두 영역에서 겉보기 등급사이의 차이의 측정으로부터 얻어진다.

일반적인 방법은 측광기로 별의 등급을 측정하는 것인데, 측광기에서 필터들이 스펙트럼의 서로 다른 영역에서의 측정을 제한하기 위해 사용되어 진다. 측정이 푸른색 영역에 제한될 때, 이때의 등급을 B등급이라 한다. 인간의 눈의 반응과 같은 필터는 V등급이다. 색지수는 다음과 같이 정의된다:

$$\mathrm{CI} = B - V$$

절대등급은 한 별의 고유광도 척도이다. 절대등급을 비교하는 것은 그 별들 모두가 10pc의 표준 거리에 놓여있을 때의 광도를 비교하는 것과 같다. 결과적으로, 더 낮은 절대등급을 지닌 한 별은(예를 들어 M=−2) 더 높은 절대등급을 지닌 별(예를 들어 M=+5)보다 원래 더 많은 에너지를 방출한다. 또한 우리는 원래 더 밝은 별들이 더 높은 온도를 지니고 있고 더 푸른 쪽의 색을 지니고 있다고 기대할 수 있다. 별들의 종족에 대해 절대등급-색지수 그림을 색-등급도라 부른다. 어떤 특별한 별의 그룹이 같은 성단에 속해 있다면, 절대등급들은 결정될 필요가 없다. 그들 모두가 거의 똑같은 거리에 놓여있기 때문에 그들의 겉보기 등급과 색지수가 비교되어질 수 있다. 상당히 가까이 놓여있는 몇몇의 밝은 성단들에 대해 소형망원경에 부착된 디지털 사진기에서 찍은 이미지들을 측정해보면 이런 색-등급 도를 그려볼 수 있다.

그림 15.1은 젊은 성단에 대한 색-등급 도인데, 젊은 성단은 주계열별로 불리는 얇은 띠에 별들이 존재하고 있다. 분포된 별을 따라 이어지는 곡선은 영년 주계열(zero-age main sequence)이라 정의하는데, 이 선의 각 점들은 핵융합이 시작되는 별 진화의 시점이다. 그림 15.2에서는 상당히 늙은 성단을 보는데, 여기에는 많은 주계열 별들이 수평 거성가지를 따라 진화해 버렸고, 몇몇은 붉은 초거성 단계로 진화하였다.

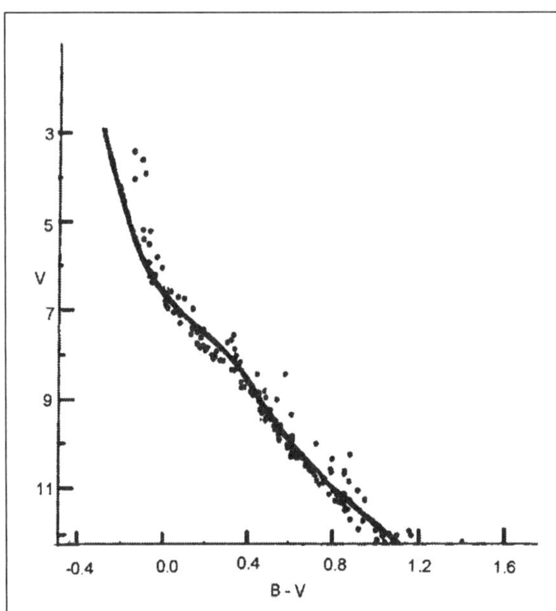

** 그림 15.1 **젊은 성단의 색-등급 도**

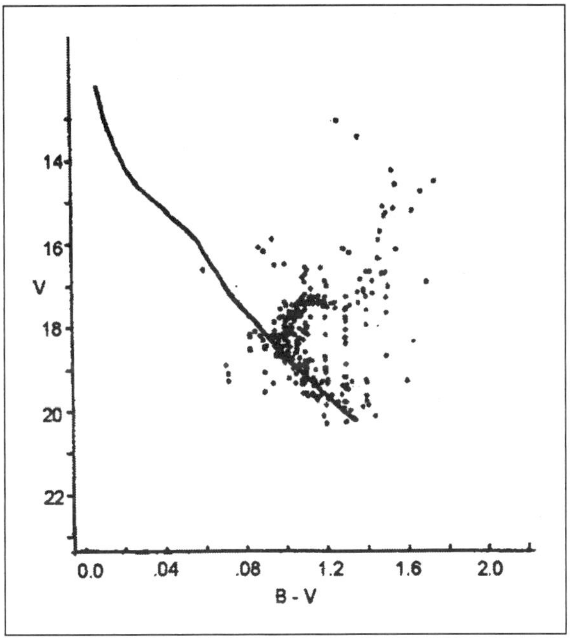

** 그림 15.2 늙어서 진화된 성단의 색-등급 도

15.1 자료 수집

자료들은 황소자리의 플레이아데스성단을 찍은 3장의 30초 노출 디지털 사진에서 측정된다. 우선 필터를 사용하지 않고 한 장의 사진을 찍어보자. 12장에서 변광성에 대해 서술된 과정들을 반복해 보자. 여러 장의 사진을 찍어서 그 중 측정에 가장 적합한 사진을 한 장 선택할 수 있도록 해보자. 그 후에 아이피스에 약한 푸른색 필터를 사용하여 여러 장의 사진을 찍어 보고, 또 약한 노랑색 필터로 사진을 찍어본다. 필터의 사용을 제외하고는 다른 모든 사진 찍는 조건이 이 관측 내내 똑같이 유지되었는지 확인해보자. 각각 필터를 사용한 여러 장의 사진들 중에서 가장 잘 나온 사진을 다운로드해서 흑백 광택용지에 인쇄해보자. 그림 15.3은 사진관측으로 얻어지는 한 예이다.

한 장의 종이에 사진들 중 한 장을 음화로 인쇄하여 측정될 별들에 번호를 매기고 기록하는 참고용으로 사용해본다. 또 임의로 15개에서 20개의 별들을

** 그림 15.3 **f/5 80mm굴절망원경으로 찍은 플레아데스 성단의 디지털 사진**

이미지의 중심에서 가장 밝은 별에서 시작하여 어두운 별로 이어지는 분포로 선택해본다. 렌즈 수차에 의해 찌그러진 별이미지는 사용하지 않는다는 것에 유의해보자.

15.2 분석

인쇄된 이미지들을 측정하기 위해 13장의 등급눈금자와 변광성 과정을 사용해본다. 눈금자를 측정될 별의 수평 옆에 갖다놓는다. 별과 눈금자 이미지를 비교하여서 가장 잘 맞는 눈금자를 찾아본다. 눈금자의 번호는 등급이 아니라 별들의 등급에 선형관계에 놓여있는 숫자라는 점에 유의한다. 음화로부터, 번호가 매겨진 별들 중 하나를 택해, 필터를 사용하지 않은 이미지, 푸른색필터로 찍은 이미지 그리고 노랑색 필터로 찍은 이미지에서 그 별에 맞는 눈금자의 번호를 읽어낸다. 푸른 색 필터를 사용한 이미지에서 읽어낸 값을 B로, 노랑색 필터를 사용한 이미지에서 읽어낸 값에 Y를 표시한다. 필터를 사용하지 않은 이미지에서 읽어낸 값은 m_V로 표시한다. 이들은 표준 등급이 아니라, 나중에 비교를 통해 B등급과 V등급으로 변환될 값이라는 것을 이해하자. 그러나 색-등급 분포의 형태를 알아보기 위해서라면, 이 작업을 수행하지 않아도 된다.

두 개의 서로 다른 이미지에서 같은 별에 대해 읽어낸 눈금자 값들의 차이는 그 별에 대한 색지수이다. 우리는 이것을 B-V라 부른다. 직각 좌표의 종이에 m_V와 B-Y값을 그려보면 이 성단에 대한 색-등급 도가 된다.

한 성단이 나이가 들면서, 더 많은 별들이 적색거성으로 진화를 해서 색-등급 도는 수평가지를 지니게 된다. 플레아데스 성단의 색-등급 도가 그 성단에 대해 무엇을 말해주고 있는가? 플레아데스 성단에 대한 색-등급 도를 만들어 본 후에 여러분은 아마 게자리의 벌 성단과 황소자리의 하이아데스 성단같은 다른 성단에 대해서도 시도해 보자.

제16장

대물 프리즘 분광기 디자인

별의 스펙트럼은 특별한 흡수선이나 방출선의 존재에 따라 여러 가지 형태로 분류된다. 이런 분류는 또한 별의 표면온도와 색의 가늠자이기도 하다. 가장 일반적인 분류는 O, B, A, F, G, K 와 M으로 분류하는 것인데, 각 분류는 또한 A0, A1, A2, A3등과 같이 10개로 다시 나누어진다. W, R, N과 S형은 아주 드물게 나타나는 분광형이기 때문에 여기서는 다루지 않는다. 모든 별들의 거의 99%가 B형에서 M형에 놓여 있다. 표 16.1은 항성 스펙트럼의 분류에 대한 요약이다.

그림 16.1은 여러 별들의 스펙트럼을 동시에 얻기 위한 대물 프리즘 방법을 보여주고 있다.

빨강색 빛이 프리즘에 의해 굴절되는 각은 다음과 같이 주어진다:

$$\Theta_r = 2\mathrm{arc}csin[N_r \sin(A/2)] - A$$

여기서 A는 프리즘의 각이고, N_r은 빨강색 빛의 파장에 대한 프리즘의 굴절률이다. 보라색 빛에 대해서는

$$\Theta_v = 2\mathrm{arc}csin[N_v \sin(A/2)] - A$$

** 표 16.1 **항성 분광형 분류**

Type O	Ionized helium, neutral hydrogen, and helium absorption lines, blue in color, with temperatures of 50,000 K or higher
Type B	Week hydrogen Balmer lines, temperatures around 25,000 K
Type A	Hydrogen Balmer lines strongest. H and K lines of CaII appear in later types. White stars with a temperature of 10,000 K
Type F	Hydrogen Balmer lines weaken, K lines of CaII becomes prominent. Yellowish white in color with a temperature of 7,500 K
Type G	Balmer lines weaker than type F. H and K lines of CaII are stronger; many lines due to neutral metallic elements. Yellow stars with temperatures around 6,000 K. The Sun is a type G2 star
Type K	Lines due to neutral metals become prominent, hydrogen lines are very faint. These stars are orange, with temperatures around 4,500 K
Type M	Strong lines of neutral metals. Strong titanium oxide bands. Red stars with temperatures around 3,500 K

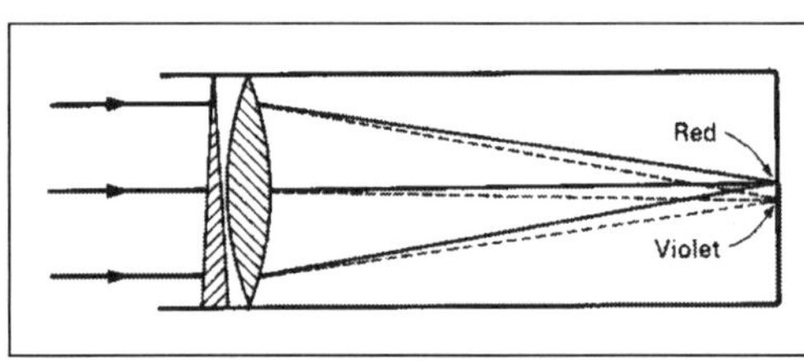

** 그림 16.1 **항성 스펙트럼을 얻기 위한 대물 프리즘 방법**

이 된다. F가 대물렌즈의 초점거리라면, 필름 면에서 스펙트럼의 길이인 선형 분산 D은

$$D = F(\Theta_v - \Theta_r)\pi/180^\circ$$

로 주어진다. 큰 망원경들은 단지 몇도 밖에 안 되는 각의 대물 프리즘과 긴 초점거리를 사용한다. 비슷한 결과가 큰 프리즘 각과 단 초점거리에 대해서 얻어질 수 있다. 60°의 등변 프리즘이 큰 망원경에 설치되기에는 너무 무겁고

** 그림 16.2 **대물 프리즘 분광기**

어렵다할지라도, 이런 프리즘이 35mm SLR사진기의 135mm 망원렌즈에 사용되기에는 충분하다. 부싯돌 프리즘에 대해, 선형분산은 135mm망원렌즈의 초점면에서 13.4mm이다.

그림 16.2는 35mm사신기에 장착되는 대물 프리즘 분광기의 기본디자인을 보여주고 있다. 40mm면을 지닌 등변 프리즘은 Edmund Scientific사가 판매하고 있다. 프리즘 면은 충분히 커서 사진기 렌즈의 직경을 거의 차지하게 된다. 만일 그렇지 못하다면 렌즈의 열린 부분은 가리워져야 한다. 사진기 렌즈에 상대적으로 경사지게 해야 하는 것은 렌즈로부터 가장 먼 프리즘 면이 그 면과 평행하게 만들기 위함이다.

여기서 기술하고 있는 대물 프리즘 분광기는 1등급과 2등급 별들의 스펙트럼을 잘 찍을 수 있다. 모든 주요 분광형을 지닌 별들이 이 영역에 놓여있다. 목성과 토성이 태양빛을 반사한 빛을 내기 때문에, 이런 행성들이 135mm 렌즈에 거의 점광원이어서 태양 스펙트럼의 사진관측을 위한 좋은 광원이다.

항성스펙트럼에 대해, 흑백 필름은 흡수선의 큰 이미지 색대비와 해상도를 제공해준다. 칼라 필름 스펙트럼은 서로 다른 주요 칼라 감광액이 중첩되는 곳에서 검정 띠를 보인다. 디지털 사진기도 똑 같이 작용한다. 중첩되는 검정 띠들은 색깔이 프리즘에 의해 분산될 때 명백하게 드러난다. 디지털 사진기는 흑백모드에서 작동할 수도 있지만, 서로 다른 색 감도들의 중첩이 아직도 스펙트럼의 이미지에 남아있을 수도 있다.

16.1 스펙트럼 찍기

35mm SLR 필름 카메라가 대물 프리즘으로 항성 스펙트럼을 찍는데 효과적으로 사용될 수 있는 유일한 사진기이다. 만일 여러분들이 이런 사진기를 갖고있지 않다면, 비싸지 않은 중고 사진기를 구입해도 된다. 2분의 노출시간이 가능하고 셔터 릴리즈만 있으면 된다. 어떤 렌즈가 있더라도 괜찮다. 표준 50mm렌즈는 적어도 밝은 별들의 분광형사이의 차이를 보여주기에 충분한 분산을 제공할 것이다; 초점거리가 길수록 분산은 커진다.

** 그림 16.3 f/5 80mm 굴절망원경에 설치된 분광기

사진기는 그림 16.3에 보여진바와 같이 망원경에 피기백 마운트로 설치되거나 적도의에 직접 설치되어도 된다. 극축 추적장치는 필요하지 않다. 사진기는 잘 조절되어서 프리즘의 분산이 경사된 방향으로 일어나고 또 렌즈가 약 60° 정도 표적별로부터 떨어져 있도록 한다. 이 작업을 수행하는 가장 최선의 방법은 망원경이나 파인더를 (그림 16.3) 표적별과 나란히 놓이게 하고 사진기를 스펙트럼이 사진기 뷰어에 보이도록 회전하는 것이다.

사진기에서 보여지는 스펙트럼은 퍼짐너비가 없는 분산선이다. 이 스펙트럼은 별을 적경방향에서 시야를 가로지르게 하는 과정을 통해 퍼지게 된다. 2분 노출은 135mm 렌즈에서 스펙트럼이 충분한 너비를 지니게 해줄 것이다. 짧은 초점거리에는 더 큰 노출시간이 필요하다. ISO 400의 흑백필름을 사용해보자.

그림 16.4와 그림 16.5는 그림 16.2에 제시된 분광기로 찍은 시리우스와 M42의 스펙트럼이다.

시리우스의 스펙트럼은 A형 분광형에서 나타나는 수소 발머 흡수선을 분명하게 보여주고 있다. 빨강색을 넘어선 곳에 있는 수소 α선은 필름감도(T Max 400)가 그 파장에서 급격하게 떨어지기 때문에 볼 수 없다. 처음으로 보이는 흡수선은 파랑-녹색영역에 있는 수소 β선이다. 인간의 눈이 세 번째 흡수선인

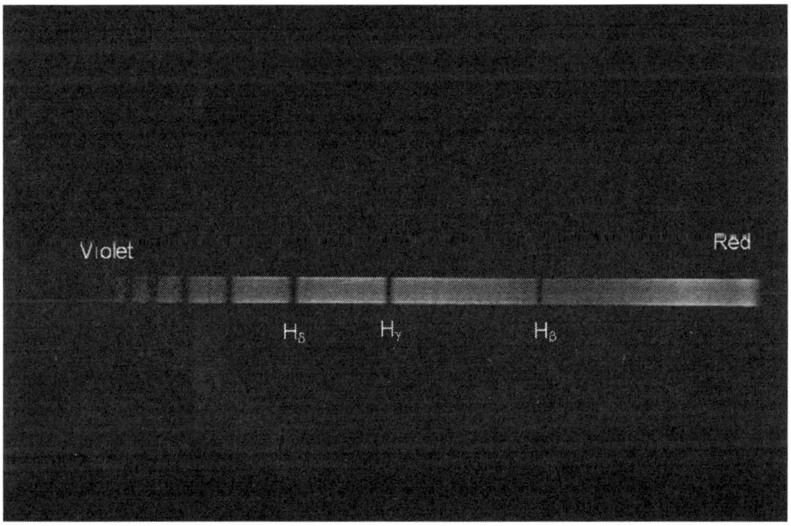

** 그림 16.4 **시리우스의 스펙트럼**

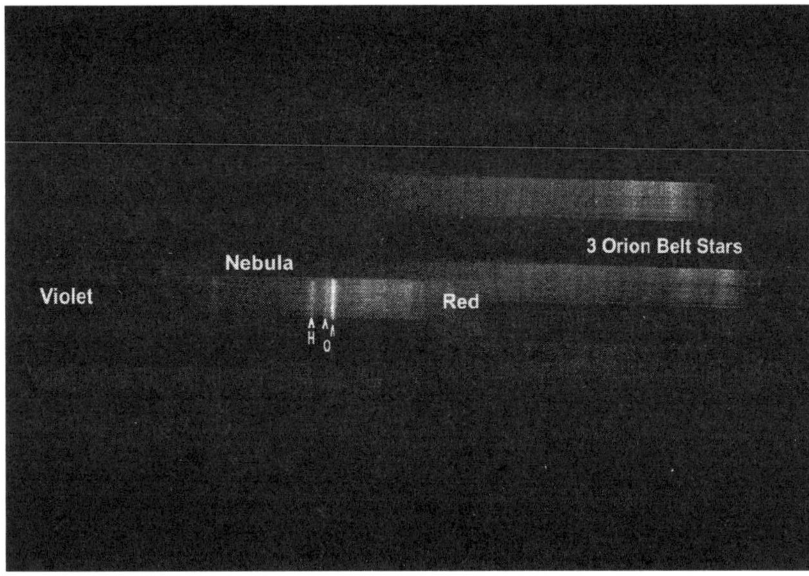

** 그림 16.5 **M42의 방출 스펙트럼**

수소 δ선을 넘어서는 파장에 대해 민감하지 않다할 지라도, 필름감도는 보라색 너머까지 민감하다.

오리온 성운의 스펙트럼에서, 성운 내부에 있는 젊은 별들로부터 나온 자외선에 의해서 가스가 흥분되어 생긴 3개의 방출선 들을 볼 수 있다. 이들은 별 스펙트럼에서 어두운 흡수선 현상과는 달리 밝은 선들이다. 빨강색 끝에서부터 3번째 방출선이 수소 β방출선이다. $H\beta$ 오른쪽으로 다른 두 개는 처음 발견되었을 때 그들의 파장이 지금까지 알려진 어느 원소의 스펙트럼과 맞지 않았기 때문에 그 근원이 논쟁거리가 되었다. 그들이 아마 성간가스에 존재하는 알려지지 않은 원소들에 의해 야기 되었다고 가정되었었는데, 그래서 이름도 성운(nebulium)이라 명명되었다.

그러나, 가능한 에너지 전이가 일어나는 확률을 예견할 수 있는 양자역학이 발전되면서, 성운 방출 선들은 실제 2가 이온화된 산소에 의해 생성될 수 있다는 것이 발견되었다. 이런 방출 선들은 보이지 않는데, 왜냐면 가장 좋은 실험실 진공상태에서, 그런 특별한 전이가 일어날 비율이 원자충돌사이의 시간보다 훨씬 크기 때문이다. 그렇지만, 오리온 성운에서는 충돌사이의 간격이 훨씬 길다. 산소 원자는 근본적으로 고립되어 있다. 결과적으로 낮은 확률의 전이가 관측될 수 있는 것이다.

우주공간은 실험물리의 한계를 확장시켜준다. 우주라는 거대한 실험실속에서, 우리는 극 고압과 극 저압, 극 고밀도와 극 저밀도 그리고 극고온과 극 저온상황에서, 우리가 지구에서 만들 수 있는 어떤 조건에서 가능한 것보다도 더 큰 중력장과 전자기장의 영향아래 물질들이 어떻게 행동하는지 관찰할 수 있다. 그래서 우리는 우주의 구조를 지배하는 물질의 기본 성질과 그들의 상호작용에 대한 이론들을 받아들이거나 또는 거부하는데 필요한 증거들을 수집하는 것이다.

제17장

버나드 별의 고유운동

우리 은하에 있는 모든 별들이 우리 은하중심 주변을 궤도운동하고 있기 때문에, 우리와 가까이 있는 별들은 멀리 있는 별들에 대해 운동을 하고 있는 것처럼 보인다. 이 운동은 2개의 성분을 지니고 있다. 그 중 하나로서, 시선방향에서 우리로부터 멀어져가는 쪽으로의 운동은 시선속도 성분이다. 시선에 수직인 운동은 arc seconds/ year단위로 측정되는데, 이것을 이별의 고유운동이라 부른다. 고유운동 자체는 적경성분과 적위성분을 지니고 있다.

5.9광년 떨어져 있는 10 등급 별인 버나드 별은 10.3"/year의 적위방면 고유운동을 보인다. 이는 소형망원경의 관측한계 내에서 쉽게 관측될 수 있다.

적경 17^h58^m와 적위 +4°42'4에 있는 버나드 별은 4 등급 별인 66Oph와 2° 떨어져 있고 βOph이 동쪽으로 3.5° 떨어져 있다. 그림 17.1은 Guide 8.0으로 만든 2° 시야의 성도이다. 버나드 별의 위치는 화살표로 표시되었다.

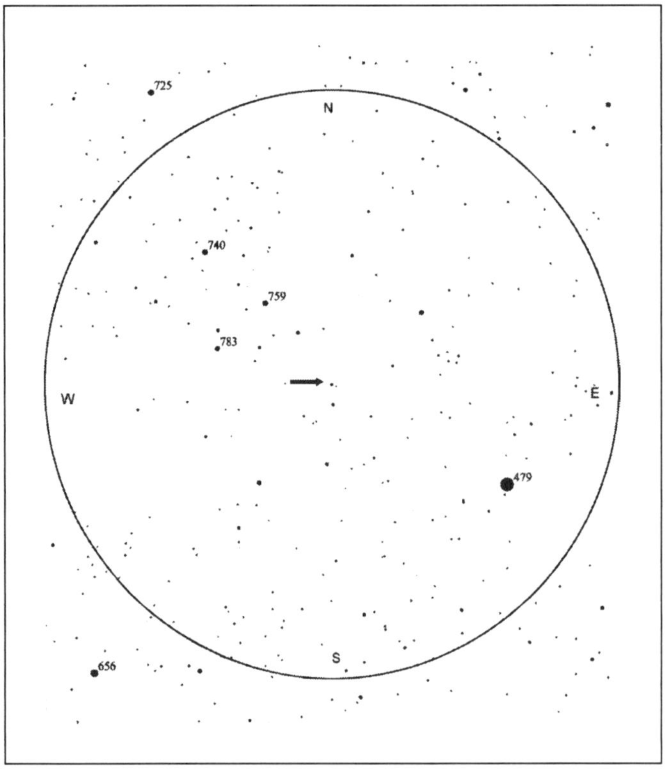

** 그림 17.1 **버나드 별의 파인딩 맵. 화살표가 별의 위치를 나타내 준다.**

17.1 사진 찍기

버나드 별의 변하는 위치를 쉽게 관측하려면 큰 인쇄 눈금과 긴 초점거리가 필요하다. f/11 80mm 굴절망원경이나 90mm막스토브 망원경이 이런 사진관측에 추천 될 만하다. 망원경의 정확한 극축 맞추기가 꼭 필요하다. f/5 80mm 굴절망원경이 사용될 수도 있지만, 그러나 이 별의 운동을 감지하는 사진을 찍는데 두 배의 시간이 필요할 것이다.

쌍성 사진관측을 위한 무초점 과정이 여기서도 사용된다. f/11 80mm굴절망원경에 Orion Expanse같은 6mm 광시야 아이피스를 사용하자. 9mm 아이피스가 90mm 막스토브 망원경에 사용될 수 있다. 2×Barlow 렌즈와 함께 사용되는 6mm 아이피스가 f/5 80mm 굴절망원경과 잘 조화를 이룰 수 있다. 90mm 막스토브 망원경은 경통이 짧고 추적문제가 별로 없다는 이점이 있다. 별의 위치가 변하는 것은 주로 적위방향에서 일어나기 때문에, 사진에서 항성궤적이 약간 흐르는 것은 고유운동을 방해하지는 않을 것이다.

관측한 날짜와 시간 그리고 JD를 기록해 보자. 여러 장의 사진을 찍어보고, 그 중 인쇄하기에 가장 적합한 한 장을 선택한다. 인쇄하기 전에 이미지를 100mm×100mm로 잘라내고 확대시킨다. 이는 1"/mm의 인쇄눈금을 제공해준다. 이 이미지를 나중에 사용하기 위해 저장해놓는다.

한 번 관측을 하고 1년 후에 다시 관측해보자. 이 기간 동안, 버나드 별은 적위방향으로 약 10" 움직일 것이다. 이전의 사진관측에 사용한 것과 똑같은 인쇄과정과 자르기 과정을 사용해 본다. 별의 위치변화는 1년의 관측간격사이에 10mm정도 될 것이다. 이 변화는 첫 번째 관측한 이미지를 투명복사를 해서 두 번째 이미지에 겹쳐보면 쉽게 느껴질 수 있다.

버나드 별 고유운동의 좀 더 정량작인 측정은 각 관측이미지를 1mm×1mm 모눈종이에 인쇄해서 수행되어 질 수 있다. 격자 선을 참고하면서, 적위가 알려진 넓게 떨어진 두 개의 별 들 사이의 수직거리를 측정해보고, 이를 "/mm의 인쇄눈금으로 사용해보자. 그리고 나서 버나드 별과 적위가 알려진 몇 개 다른 별 들 사이의 수직거리를 측정해 본다. 이 거리와 눈금으로 버나드 별의 적위를 계산해보자. 1년 후에 찍은 이미지에 대해서도 이 과정을 반복해본다. 두 적위의 차이를 JD차이로 나누어주면 "/year단위의 버나드 별 고유운동을 얻어낼 수 있다.

참고문헌

Star Atlases

Tirion W, Sinnott R (2005) Sky atlas 2000, 2nd edn. Sky Publishing Corp., Cambridge.
Ridpath I (ed) (2004) Norton's star atlas, 20th edn. Pi Press, New York.

Telescopes and Accessories

Sidgwick B (1980) Amatuer astronomer handbook, 3rd edn. Dover Publications, New York.
Harrington PS (2002) Star ware, 3rd edn. Jossey-Bass, San Francisco.

Astrophotography

Covington M (2004) Astrophotography for the amatuer, 2nd edn. Cambridge University Press, Cambridge.
Reeves R (2005) Introduction to Digital Astrophotography. Willmann-Bell Inc., Richmond.
Monks N (2005) Astronomy with a home computer. Springer, Berlin Heidelberg New York.

The Sun

Beck R, Hilbrecht H, Reinsch K, Volker P (1995) Solar Astronomy handbook. Willmann-Bell Inc., Richmond.

Taylor P (1991) Observing the Sun. Cambridge University Press, New York.

The Moon

Grego P (2005) The Moon and how to observe it. Springer, Berlin Heidelberg New York.

Rukl A (2004) Atlas of the Moon. Sky Publishing Corp., Cambridge.

Binary Stars

Argyle B (ed) (2004) Observing and measuring visual double stars. Springer, Berlin Heidelberg New York.

Variable Stars

North G (2004) Observing variable stars, novae and supernovae. Cambridge University Press, New York.

Levy DH (1989) Observing variable stars. Cambridge University Press, New York.

Star Clusters and Nebulae

Jones KG (1991) Messier's nebulae and star clusters. Cambridge University Press, Cambridge.

찾아보기

소형 망원경으로 떠나는 천문관측체험

2012년 1월 11일 초판 인쇄
2012년 1월 20일 초판 발행

저자명 Michael K. Gainer
역자명 김용기
발행인 연규산
발행처 청범출판사
등 록 1991년 8월 13일 No. 5-282
주 소 서울시 노원구 공릉 1동 598-7
TEL : 971-5385
FAX : 977-8967
ISBN 978-89-88247-72-3 93440

가격 10,000원